定期テ

出るナビ

ナビ

# 中1数学

Gakken

# は じ め に

中学生のみなさんにとって，年に数回実施される「定期テスト」は，重要な試験ですよね。定期テストの結果は，高校入試にも関係してくるため，多くの人が定期テストで高得点をとることを目指していると思います。

テストでは，さまざまなタイプの問題が出題されますが，その1つに，しっかり覚えて得点につなげるタイプの問題があります。そのようなタイプの問題には，学校の授業の内容から，テストで問われやすい部分と，そうではない部分を整理して頭の中に入れて対策したいところですが，授業を受けながら考えるのは難しいですよね。また，定期テスト前は，多数の教科の勉強をしなければならないので，各教科のテスト勉強の時間は限られてきます。

そこで，短時間で効率的に「テストに出る要点や内容」をつかむために最適な，ポケットサイズの参考書を作りました。この本は，学習内容を整理して理解しながら，覚えるべきポイントを確実に覚えられるように工夫されています。また，付属の赤フィルターがみなさんの暗記と確認をサポートします。

表紙のお守りモチーフには，毎日忙しい中学生のみなさんにお守りのように携えてもらうことで，いつでもどこでも学習をサポートしたい！ という思いを込めています。この本を活用したあなたの努力が成就することを願っています。

出るナビ編集チーム一同

# 出るナビシリーズの特長

### 定期テストに出る要点が
### ギュッとつまったポケット参考書

　項目ごとの見開き構成で，テストに出る要点や内容をしっかりおさえています。コンパクトサイズなので，テスト期間中の限られた時間での学習や，テスト直前の最終チェックまで，いつでもどこでもテスト勉強ができる，頼れる参考書です。

### 見やすい紙面と赤フィルターで
### いつでもどこでも要点チェック

　シンプルですっきりした紙面で，要点がしっかりつかめます。また，最重要な用語やポイントは，赤フィルターで隠せる仕組みになっているので，手軽に要点が身についているかを確認できます。

### こんなときに
### 出るナビが使える！

持ち運んで，好きなタイミングで勉強しよう！　出るナビは，いつでも頼れるあなたの勉強のお守りです！

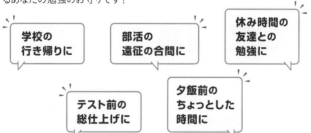

# この本の使い方

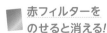

■ **赤フィルターを**
**のせると消える!**

最重要用語や要点は, 赤フィルターで隠して確認できます。確実に覚えられたかを確かめよう!

本文をより理解するためのプラスアルファの解説で, 得点アップをサポートします。

**ミス注意**

テストでまちがえやすい内容を解説。

**くわしく**

本文の内容をより詳しく解説。

**参考**

知っておくと役立つ情報など。

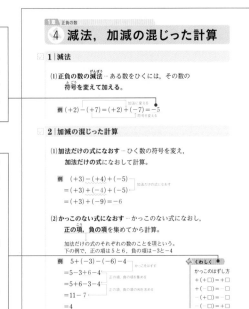

1章 正負の数

## 4 減法, 加減の混じった計算

☑ **1│減法**

(1)正負の数の**減法**…ある数をひくには, その数の**符号を変えて加える。**

例 $(+2)-(+7)=(+2)+(-7)=-5$

☑ **2│加減の混じった計算**

(1)加法だけの式になおす…ひく数の符号を変え, **加法だけの式**になおして計算。

例 $(+3)-(+4)+(-5)$
$=(+3)+(-4)+(-5)$
$=(+3)+(-9)=-6$

(2)かっこのない式になおす…かっこのない式になおし, **正の項, 負の項**を集めてから計算。

加法だけの式のそれぞれの数のことを項という。
下の例で, 正の項は5と6, 負の項は−3と−4

例 $5+(-3)-(-6)-4$
$=5-3+6-4$
$=5+6-3-4$
$=11-7$
$=4$

**くわしく**
かっこのはずし方
$+(+□)=+□$
$+(-□)=-□$
$-(+□)=-□$
$-(-□)=+□$

18

## 中1数学の特長

◎ テストによく出る公式・定理を簡潔にまとめてあります。

◎ 「テストの例題チェック」では, 問題の解き方が効率よく身につけられ, 得点アップをサポートします!

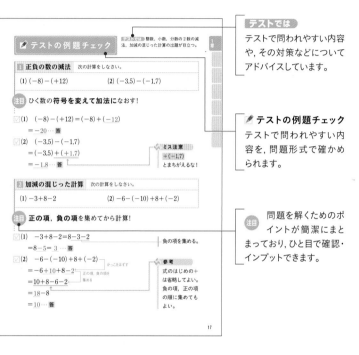

## 📝 テストの例題チェック

**テストでは** 整数, 小数, 分数の2数の減法, 加減の混じった計算の出題が目立つ。

### 1 正負の数の減法 次の計算をしなさい。

(1) $(-8)-(+12)$  (2) $(-3.5)-(-1.7)$

**注目** ひく数の符号を変えて加法になおす!

☑ (1) $(-8)-(+12)=(-8)+(-12)$
$=-20\cdots$ 答

☑ (2) $(-3.5)-(-1.7)$
$=(-3.5)+(+1.7)$
$=-1.8\cdots$ 答

**ミス注意**
$+(-1.7)$
とまちがえるな!

### 2 加減の混じった計算 次の計算をしなさい。

(1) $-3+8-2$  (2) $-6-(-10)+8+(-2)$

**注目** 正の項, 負の項を集めてから計算!

☑ (1) $-3+8-2=8-3-2$
$=8-5=3\cdots$ 答

負の項を集める。

☑ (2) $-6-(-10)+8+(-2)$
$=-6+10+8-2$
$=10+8-6-2$
$=18-8$
$=10\cdots$ 答

かっこをはずす
正の項, 負の項を
集める

**参考**
式のはじめの+
は省略してよい。
負の項, 正の項
の順に集めても
よい。

17

**テストでは** テストで問われやすい内容や, その対策などについてアドバイスしています。

## 📝 テストの例題チェック

テストで問われやすい内容を, 問題形式で確かめられます。

**注目** 問題を解くためのポイントが簡潔にまとまっており, ひと目で確認・インプットできます。

# テスト直前 最終チェック! で テスト直前もバッチリ!

・・・・・・・・・・・・・・・・・・・・・・・・・・・・・・・・・・・・・・・・・・・・・

テスト直前の短時間でもパッと見て
要点をおさえられるまとめページもあります。

# もくじ

**が暗記アプリでも使える！**

ページ画像データをダウンロードして，
スマホでも「定期テスト出るナビ」を使ってみよう！

## |||||||| 暗記アプリ紹介＆ダウンロード 特設サイト ||||||||

　スマホなどで赤フィルター機能が使える便利なアプリを紹介します。下記のURL，または右の二次元コードからサイトにアクセスしよう。自分の気に入ったアプリをダウンロードしてみよう！

**Webサイト** https://gakken-ep.jp/extra/derunavi_appli/

　「ダウンロードはこちら」にアクセスすると，上記のサイトで紹介した赤フィルターアプリで使える，この本のページ画像データがダウンロードできます。使用するアプリに合わせて必要なファイル形式のデータをダウンロードしよう。

※データのダウンロードにはGakkenIDへの登録が必要です。

### ページデータダウンロードの手順

① アプリ紹介ページの「ページデータダウンロードはこちら」にアクセス。

② Gakken IDに登録しよう。

③ 登録が完了したら，この本のダウンロードページに進んで，
　下記の『書籍識別ID』と『ダウンロード用PASS』を入力しよう。

④ 認証されたら，自分の使用したいファイル形式のデータを選ぼう！

| | |
|---|---|
| **書籍識別 ID** | testderu_c1m |
| **ダウンロード用 PASS** | qD4VajpF |

# Ⅰ 正負の数

☑ **1 | 正の数・負の数**

(1) **正の数** … 0 より大きい数。

➡ **正の符号（＋）**をつけて表す。

└─「＋」は省略してもよい。

(2) **負の数** … 0 より小さい数。

➡ **負の符号（－）**をつけて表す。

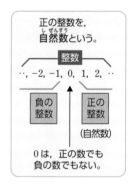

> 正の整数を,
> **自然数**という。
>
> 整数
> ···, -2, -1, 0, 1, 2, ···
>
> 負の整数 ／ 正の整数 (自然数)
>
> 0 は, 正の数でも
> 負の数でもない。

例 0℃より 3℃高い温度

➡ $+3$℃（プラス 3℃と読む）

例 0℃より 3℃低い温度

➡ $-3$℃（マイナス 3℃と読む）

☑ **2 | 数直線**

(1) **正負の数と数直線** … **原点**（0 の点）を基準に,
**正の数は 0 の右側, 負の数は 0 の左側**に表す。

例
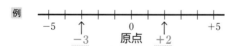

(2) **反対の性質をもつ量は, 正の数, 負の数で表せる。**

例 A 点から北へ 2 km を $+2$ km
と表すと, A 点から南へ 2 km
は, $-2$ km と表せる。

南　　　A　　　北
$-2$ km　0　$+2$ km

## ✏️ テストの例題チェック

### 1 正負の数と数直線　下の数直線で，点 A，B に対応する数を答えなさい。

注目 **0（原点）からいくつはなれているか** を読む!

短い1めもりは，0.5

☑ A …0の左側 ➡ 符号は−
　　　0より左へ 3.5 ⎰ → −3.5 … 答

☑ B …0の右側 ➡ 符号は＋
　　　0より右へ 2.5 ⎰ → +2.5 … 答

> ミス注意
> −4.5 とまちがえるな！
> 0より左側は負の数。

### 2 正負の数で量を表す　次の数量を〔 〕内のことばを使って表しなさい。

(1) 50 円の支出〔収入〕　　(2) −8 kg 重い〔軽い〕

注目 反対の性質をもつ量 ➡ **一方が正の数なら他方は負の数**

☑ (1) 50 円の支出 → ＋50 円
　　　↓反対　　　↓符号を反対にする
　　　収入 → −50 円

　　　　　答 −50 円の収入

☑ (2) −8 kg 重い → −8 kg
　　　↓反対　　　↓符号を反対にする
　　　軽い → 8 kg　　答 8 kg 軽い

> 参考
> 符号とことばを反対にすると，もとと同じ意味になる。

# ② 絶対値と数の大小

## ☑ 1│絶対値

(1)**絶対値** … 数直線上で，ある数に対応する点と**原点との距離**。

➡ 正負の符号をとりさった数になる。

**例** ＋5 の絶対値 → 5 ─ 絶対値が 5 の数は，
　　 −5 の絶対値 → 5 ─ ＋5と−5 の 2 つある。

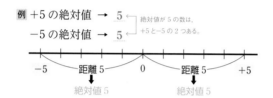

−5　　距離5　　0　　距離5　　＋5
　　　絶対値5　　　　　絶対値5

## ☑ 2│数の大小，不等号

(1)**不等号** … 大小関係を表す＜や＞の記号。

(2)**正負の数の大小**

　①**(負の数)＜ 0 ＜(正の数)**

　②**正の数は，絶対値が大きいほど大きい。**

　③**負の数は，絶対値が大きいほど小さい。**

3 ＜ 5
小　　大

5 ＞ 3
大　　小

**例** 2 と−4 の大小 → 2 ＞−4
　　　正の数　負の数　　大　　小

**例** −5 と−3 の大小 → −5 ＜−3
　　　絶対値　絶対値　　　小　　大
　　　5 ＞ 3
　　　　逆

**ミス注意**
負の数の大小は，
絶対値の大小と
反対になる。

# ✏️ テストの例題チェック

**テストでは** 数の大小を不等号で表す問題は頻出。負の数の大小でミスしやすいので注意しよう。

**1 絶対値** 次の数を答えなさい。

(1) $-8$ の絶対値 　　　(2) 絶対値が $2.5$ の数

**注目 原点（0）からの距離に注目！**

☑(1) 原点からの距離は $8$

絶対値 $8$ … 答

【別解】$-8$ の「$-$」をとりさって，$8$ … 答

☑(2) 原点から $2.5$ の距離にある数だから，

$+2.5$ と $-2.5$ … 答

**参考**
0の絶対値は0。

**ミス注意**
$-2.5$ も忘れずに！
0から同じ距離にある数は，必ず2つある。

---

**2 数の大小** 次の数の大小を，不等号を使って表しなさい。

(1) $0$，$-0.3$ 　　　(2) $-4$，$+3$，$-7$

**注目 負の数は，絶対値が大きいほど小さい！**

☑(1) $-0.3$ は負の数だから，$0 > -0.3$ … 答

☑(2) 正の数の $+3$ が最も大きい。

$-4$ と $-7$ は，絶対値の大きい

$-7$ のほうが小さいから，$-7 < -4$

したがって，$-7 < -4 < +3$ … 答

**ミス注意**
次のように書いてはだめ！
$-7 < +3 > -4$
不等号の向きはそろえる。

1章

13

# 3 加 法

☑ **1 | 2数の加法**

(1)**同符号の2数の和** … 絶対値の和に，**共通の符号**をつける。

例 $(-4)+(-2) = \overset{\text{共通の符号}}{-}(4+2) = -6$

↑絶対値の和

(2)**異符号の2数の和** … 絶対値の差に，**絶対値の大きいほうの符号**をつける。

例 $(+4)+(-7) = \overset{\text{絶対値の大きいほうの符号}}{-}(7-4) = -3$

↑絶対値の差

☑ **2 | 正負の数の加法の計算法則**

(1)**加法の交換法則** … $\square + \bigcirc = \bigcirc + \square$

(2)**加法の結合法則** … $(\square + \bigcirc) + \triangle = \square + (\bigcirc + \triangle)$

(3) **3つ以上の数の加法** … 正の数の和，負の数の和を別々に求めて，それを加える。

例 $(-2)+(+6) = (+6)+(-2) = +4$
　　　　　　　　　　交換法則

例 $(+8)+(-2)+(-5)$
$= (+8)+\{(-2)+(-5)\}$ 結合法則
$= (+8)+(-7) = +1$

## 📝 テストの例題チェック

**テストでは** 整数だけでなく，小数，分数の2数の加法や，3つ以上の数の加法は，出題率が非常に高い。

**1 正負の数の加法** 次の計算をしなさい。

$$(1)\ (-1.6)+(-0.7) \qquad (2)\ \left(-\frac{1}{4}\right)+\left(+\frac{2}{3}\right)$$

**注目 まず，答えの符号を決める！**

☑ (1) $(-1.6)+(-0.7)$

$= \underset{\text{絶対値の和}}{-(1.6+0.7)} = -2.3 \cdots$ 答

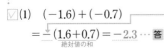

**ミス注意**

同符号だから，
共通の符号。

☑ (2) $\left(-\dfrac{1}{4}\right)+\left(+\dfrac{2}{3}\right)=\left(-\dfrac{3}{12}\right)+\left(+\dfrac{8}{12}\right)$ ← 通分する。

$= +\underset{\text{絶対値の差}}{\left(\dfrac{8}{12}-\dfrac{3}{12}\right)}=+\dfrac{5}{12} \cdots$ 答

異符号だから，
絶対値の大きい
ほうの符号。

**2 3つ以上の数の加法** 次の計算をしなさい。

$$(+4)+(-5)+(+6)+(-2)$$

**注目 正の数どうし，負の数どうしを集めて計算！**

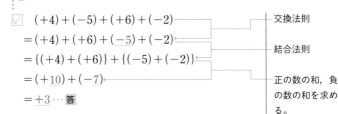

☑ $(+4)+(-5)+(+6)+(-2)$

$=(+4)+(+6)+(-5)+(-2)$

$=\{(+4)+(+6)\}+\{(-5)+(-2)\}$

$=(+10)+(-7)$

$=+3 \cdots$ 答

交換法則

結合法則

正の数の和，負の数の和を求める。

# 4 減法，加減の混じった計算

## ☑ 1 減法

(1) **正負の数の減法** … ある数をひくには，その数の
**符号を変えて加える。**

例 $(+2) - (+7) = (+2) + (-7) = -5$

加法に変える

符号を変える

## ☑ 2 加減の混じった計算

(1) **加法だけの式になおす** … ひく数の符号を変え，
**加法だけの式**になおして計算。

例 $(+3) - (+4) + (-5)$
$= (+3) + (-4) + (-5)$ ← 加法だけの式になおす
$= (+3) + (-9) = -6$

(2) **かっこのない式になおす** … かっこのない式になおし，
**正の項，負の項**を集めてから計算。

加法だけの式のそれぞれの数のことを項という。
下の例で，正の項は5と6，負の項は−3と−4

例 $5 + (-3) - (-6) - 4$ かっこをはずす
$= 5 - 3 + 6 - 4$ ← 正の項，負の項を集める
$= 5 + 6 - 3 - 4$ ← 正の項，負の項の和を求める
$= 11 - 7$
$= 4$

 くわしく

かっこのはずし方
$+(+□) = +□$
$+(-□) = -□$
$-(+□) = -□$
$-(-□) = +□$

# ✎ テストの例題チェック

## 1 正負の数の減法　次の計算をしなさい。

(1) $(-8)-(+12)$　　　　　　　(2) $(-3.5)-(-1.7)$

**注目** ひく数の**符号を変えて加法**になおす！

☑ (1)　$(-8)-(+12)=(-8)+(-12)$

　　　$=-20$ … 答

☑ (2)　$(-3.5)-(-1.7)$

　　　$=(-3.5)+(+1.7)$

　　　$=-1.8$ … 答

**ミス注意**

$+(-1.7)$

とまちがえるな！

## 2 加減の混じった計算　次の計算をしなさい。

(1) $-3+8-2$　　　　　　　(2) $-6-(-10)+8+(-2)$

**注目** **正の項，負の項**を集めてから計算！

☑ (1)　$-3+8-2=8-3-2$　　　　　負の項を集める。

　　　$=8-5=3$ … 答

☑ (2)　$-6-(-10)+8+(-2)$

　　　$=-6+10+8-2$ ← かっこをはずす

　　　　　　　　　　 正の項，負の項を集める

　　　$=10+8-6-2$ ←

　　　$=18-8$

　　　$=10$ … 答

**参考**

式のはじめの＋は省略してよい。負の項，正の項の順に集めてもよい。

# ⑤ 乗 法

☑ **1 | 2 数の乗法, 3 数以上の乗法**

(1)**同符号の 2 数の積** … 絶対値の積に
**正の符号＋**をつける。

(2)**異符号の 2 数の積** … 絶対値の積に
**負の符号－**をつける。

| 2数の積の符号 |
| :---: |
| $(+)\times(+)$ ⎫ $(+)$ |
| $(-)\times(-)$ ⎭ |
| $(+)\times(-)$ ⎫ $(-)$ |
| $(-)\times(+)$ ⎭ |

**例** $(-3)\times(-4)=+(3\times4)=12$
　　　　　　　　　　↑同符号だから

**例** $(-3)\times(+4)=-(3\times4)=-12$
　　　　　　　　　　↑異符号だから

(3)**3 つ以上の数の積の符号** … 負の数の個数で決まる。

負の数が**偶数個** ➡ ＋　　負の数が**奇数個** ➡ －

**例** $(-2)\times(-3)\times(-5)=-(2\times3\times5)=-30$
　　　　　　　　　　　　　　↑負の数が 3 個（奇数個）だから

☑ **2 | 同じ数の積**

(1)**累乗** … 同じ数をいくつかかけ合わせたものを, その数の
**累乗**といい, かけ合わす個数を示す右かたの小さい数
を**指数**という。

$$2\times2\times2$$
$$=2^3 \text{←指数}$$
「2 の 3 乗」と読む

**例** $3^2=3\times3=9$

**例** $(-3)^2=(-3)\times(-3)=9$

## ✏ テストの例題チェック

**1 2数，3数以上の乗法** 次の計算をしなさい。

(1) $4 \times \left( -\dfrac{3}{16} \right)$

(2) $(-2) \times 4 \times (-3) \times (-5)$

**注目 まず，積の符号を決める！**

☑(1) $4 \times \left( -\dfrac{3}{16} \right) = -\left( 4 \times \dfrac{3}{16} \right)$

異符号だから

$= -\dfrac{3}{4} \cdots$ **答**

☑(2) $(-2) \times 4 \times (-3) \times (-5)$

$= -(2 \times 4 \times 3 \times 5) = -120 \cdots$ **答**

負の数が3個だから

> **ミス注意**
>
> 符号をまちがえるな！
> $(+) \times (-) \rightarrow (-)$

> **参考**
>
> 乗法の計算法則
> ・交換法則
> $\Box \times \bigcirc = \bigcirc \times \Box$
> ・結合法則
> $(\Box \times \bigcirc) \times \triangle$
> $= \Box \times (\bigcirc \times \triangle)$

**2 累乗の計算** 次の計算をしなさい。

(1) $(-2)^4$

(2) $-8^2$

**注目 何を何個かけ合わすのかを考える！**

☑(1) $(-2)^4$

$= (-2) \times (-2) \times (-2) \times (-2)$

$= +(2 \times 2 \times 2 \times 2) = 16 \cdots$ **答**

負の数が偶数個だから

☑(2) $-8^2 = -(8 \times 8) = -64 \cdots$ **答**

$8^2$に－がついた数

> **ミス注意**
>
> $-8^2$ と $(-8)^2$
> はちがう！

# 6 除法，乗除の混じった計算

☑ **1 | 2 数の除法**

(1) **同符号の 2 数の商** … 絶対値の商に
正の符号＋をつける。

(2) **異符号の 2 数の商** … 絶対値の商に
負の符号－をつける。

```
┌─────────────────┐
│  2数の商の符号    │
├─────────────────┤
│ (+) ÷ (+)  ┐     │
│ (−) ÷ (−)  ┘ (+) │
│                  │
│ (+) ÷ (−)  ┐     │
│ (−) ÷ (+)  ┘ (−) │
└─────────────────┘
```

例 $(-16) \div (-8) = + (16 \div 8) = 2$
　　　　　　　　↑同符号だから

例 $(-16) \div (+8) = - (16 \div 8) = -2$
　　　　　　　　↑異符号だから

☑ **2 | 逆数，乗除の混じった計算**

(1) **逆数** … 2 数の積が 1 になるとき，一方の数を他方の数の
逆数という。

(2) **乗除の混じった計算** … わる数の逆数をかけて，
**乗法だけの式**になおして計算。

例　$6 \div \left(-\dfrac{4}{9}\right) \times \dfrac{2}{3} = 6 \times \left(-\dfrac{9}{4}\right) \times \dfrac{2}{3}$
　　　　　　　　　　　　　　　　　　　↑逆数をかける

$-\dfrac{4}{9}$ の逆数は

$-\dfrac{9}{4}$　　$-\dfrac{4}{9} \times \left(-\dfrac{9}{4}\right) = 1$

$= -\left(6 \times \dfrac{9}{4} \times \dfrac{2}{3}\right)$
　　↑負の数が 1 個だから

$= -9$

**参考**

わることは，そ
の数の逆数をか
けることと同じ。

## ✎ テストの例題チェック

---

### 1 2数の除法　次の計算をしなさい。

$(1)\ 28 \div (-7)$　　　　　　　$(2)\ (-3) \div (-0.6)$

---

注目 まず，**商の符号**を決める！

☑ (1)　$28 \div (-7) = -(28 \div 7)$
　　　　　　　　└ 異符号だから
　　　　$= -4$ …答

☑ (2)　$(-3) \div (-0.6) = +(3 \div 0.6)$
　　　　　　　　└ 同符号だから
　　　　$= 5$ …答

> ❖ **参考**
> 0との乗法
> $\square \times 0 = 0$
> $0 \times \square = 0$
>
> 0との除法
> $0 \div \triangle = 0$
> （△は0ではない数）

---

### 2 分数の除法，乗除の混じった計算　次の計算をしなさい。

$(1)\ \dfrac{6}{5} \div (-3)$　　　　　　　$(2)\ -2 \times \dfrac{3}{10} \div \left(-\dfrac{9}{10}\right)$

---

注目 わる数の逆数をかけて，**乗法だけの式**になおす！

☑ (1)　$\dfrac{6}{5} \div (-3) = \dfrac{6}{5} \times \left(-\dfrac{1}{3}\right)$
　　　　$= -\left(\dfrac{6}{5} \times \dfrac{1}{3}\right) = -\dfrac{2}{5}$ …答
　　　　└ 異符号だから

$-3$ の逆数は $-\dfrac{1}{3}$

☑ (2)　$-2 \times \dfrac{3}{10} \div \left(-\dfrac{9}{10}\right) = -2 \times \dfrac{3}{10} \times \left(-\dfrac{10}{9}\right)$
　　　　$= +\left(2 \times \dfrac{3}{10} \times \dfrac{10}{9}\right) = \dfrac{2}{3}$ …答
　　　　└ 負の数が2個だから

$-\dfrac{9}{10}$ の逆数は $-\dfrac{10}{9}$

# 7 四則の混じった計算

## ☑ 1 | 四則の混じった計算

**(1)計算の順序** … 次の順に計算。

**( )の中，累乗 ➡ 乗法・除法 ➡ 加法・減法**

例 $5-2\times(-6+2)$ ←――――――――― **ミス注意**

$=5-2\times(-4)$ ①かっこの中 左から計算

$=5-(-8)$ ②乗法 するな!

$=5+8=13$ ③加法

減法を加法になおす

## ☑ 2 | 分配法則

**(1)分配法則** … $(\square+\bigcirc)\times\triangle=\square\times\triangle+\bigcirc\times\triangle$

$\triangle\times(\square+\bigcirc)=\triangle\times\square+\triangle\times\bigcirc$

例 $\left(\dfrac{2}{3}-\dfrac{1}{4}\right)\times12=\dfrac{2}{3}\times12-\dfrac{1}{4}\times12$

$= \quad 8 \quad - \quad 3 \quad =5$

例 $16\times(-8)+14\times(-8)$

$=(16+14)\times(-8)$

$\square\times\triangle+\bigcirc\times\triangle=(\square+\bigcirc)\times\triangle$

$=30\times(-8)$

$=-240$

## ✏️ テストの例題チェック

### 1 四則の混じった計算　次の計算をしなさい。

(1) $30-18÷(-6)$ 　　　　　(2) $30÷(12-3^2×2)$

注目 （　）の中・累乗 ➡ 乗除 ➡ 加減 の順に計算！

☑ (1)　$30-18÷(-6)=30-(-3)$ ◄──
　　　　$=30+3=33 \cdots$ 答

$-18÷(-6)=+3$
と計算してもよい。

🔷 ミス注意

左から順に、
$30-18$ を
先に計算しては
いけない！

☑ (2)　$30÷(12-3^2×2)=30÷(12-\underset{\uparrow 累乗を計算}{9}×2)$

　　　　$=30÷(12-18)$ ◄──
　　　　$=30÷(-6)=-5$ 答

── かっこの中も乗
除を先に計算。

### 2 分配法則を利用する計算　くふうして計算しなさい。

(1) $(-28)×\left(\dfrac{4}{7}-\dfrac{1}{4}\right)$ 　　　(2) $8.7×(-6.2)+8.7×(-3.8)$

注目 分配法則 $△×(□+○)=△×□+△×○$ を利用！

☑ (1)　$(-28)×\left(\dfrac{4}{7}-\dfrac{1}{4}\right)=(-28)×\dfrac{4}{7}-(-28)×\dfrac{1}{4}$

　　　　$=-16-(-7)=-16+7=-9 \cdots$ 答

☑ (2)　$8.7×(-6.2)+8.7×(-3.8)$
　　　　$=8.7×\{(-6.2)+(-3.8)\}$ ◄
　　　　$=8.7×(-10)=-87 \cdots$ 答

$△×□+△×○$
$=△×(□+○)$ を利用

23

# 8 正負の数の利用

## ☑ 1 平均の求め方

### (1)基準量との差を利用した平均の求め方

… **平均＝基準量＋基準量との差の平均**

例 右の表で，基準の身

長が 150 cm のときの

4 人の身長の平均を求める。

| 生 徒 | A | B | C | D |
|---|---|---|---|---|
| 基準量との差(cm) | +5 | −3 | +1 | −5 |

基準量との差の平均は，

$$\{5+(-3)+1+(-5)\} \div 4 = -0.5 \text{(cm)}$$

身長の平均は，$\underset{\text{基準量}}{150}+\underset{\text{基準量との差の平均}}{(-0.5)}=149.5 \text{(cm)}$

## ☑ 2 数の集合

### (1)数の集合と四則 … 自然数全体の集まりを**自然数の集合**という。

＊それぞれの集合内での四則の計算は，
下の表のようになる。

| | 加法 | 減法 | 乗法 | 除法 |
|---|---|---|---|---|
| 自然数 | ○ | × | ○ | × |
| 整数 | ○ | ○ | ○ | × |
| 数 | ○ | ○ | ○ | ○ |

○…いつもその集合内
でできる。

×…いつもその集合内
でできるとは限らな
い。

※除法では，0でわること
は考えない。

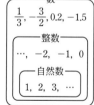

### (2)素数 … **1** とその数自身のほかに**約数**がない自然数。

└── 1は素数ではない。

素数：2, 3, 5, 7, 11, 13, …

### (3)素因数分解 … 自然数を**素数**だけの積で表すこと。 42＝2×3×7

# ✎ テストの例題チェック

---

**1 平均の求め方** 次の問いに答えなさい。

右の表の5人の体重の平均を，50 kgを基準にして求めなさい。

| 生徒 | A | B | C | D | E |
|------|----|----|----|----|----|
| 体重(kg) | 52 | 45 | 54 | 50 | 43 |

**注目** まず，**基準量との差の平均を求める！**

☑ 50 kgとの差は，A…+2，B…−5，C…+4，D…0，E…−7

差の平均は，$\{2+(-5)+4+0+(-7)\}÷5=-1.2$

5人の体重の平均は，$50+(-1.2)=48.8$ (kg) …答

**ミス注意**
4でわってはいけない。

---

**2 数の集合** 次の問いに答えなさい。

(1) $a$，$b$が自然数のとき，計算の結果がいつも自然数になるのは，次のうちのどれか答えなさい。

　⑦ $a+b$　　④ $a-b$　　⑤ $a×b$　　㊀ $a÷b$

(2) 30を素因数分解しなさい。

**注目** (1)は，具体的な数をあてはめて調べてみる！

☑ (1) ④は，$2-5=-3$，㊀は，$2÷5=\dfrac{2}{5}$のように，結果が

自然数にならない場合がある。

答 ⑦，⑤

☑ (2) $30=2×3×5$ …答

小さい素数から順にわっていく。

# テスト直前 最終チェック！ ▶▶▶

## ☑ 正の数・負の数

① 0より大きい数を**正の数**，
0より小さい数を**負の数**
という。

+3，+5 ← **正の数**
−3，−5 ← **負の数**

- - - - - - - - - - - - - - - - - - - - -

② 反対の性質をもつ量は
**正負の数で表せる。**

5円の収入を+5円
とすると，
5円の支出は，
−5円

## ☑ 絶対値

• 数直線上で，ある数に
対応する点と**原点との
距離。**

+3の絶対値は 3
−3の絶対値は 3

## ☑ 数の大小

• 負の数は絶対値が大きい
ほど小さい。

−5＜−3

## ☑ 2数の和

• 同符号なら，絶対値の
和に**共通の符号，**
異符号なら，絶対値の
差に**絶対値の大きい
ほうの符号**をつける。

$(-2)+(-3)=-5$
$(+2)+(-3)=-1$

## ☑ 2数の差

• ひく数の符号を変えて
**加法だけの式になおす。**

$(+3)-(+5)$
$=(+3)+(-5)$

# ▶▶▶ 1章　正負の数

## ☑ 2数の積・商

● 絶対値の積（商）に，

**同符号なら** ➡ **＋**

**異符号なら** ➡ **－**

の符号をつける。

$(-2) \times (-4) = +8$

$(-8) \div (+2) = -4$

## ☑ 3つ以上の数の乗法

● 積の符号は，負の数の
個数が，

$\begin{cases} \text{偶数個} ➡ ＋ \\ \text{奇数個} ➡ － \end{cases}$

$(-2) \times 3 \times (-4)$

$= +(2 \times 3 \times 4) = 24$

## ☑ 乗除の混じった計算

● わる数の逆数をかけて，**乗法だけの式**になおして計算。

$$6 \div \left(-\frac{3}{4}\right) \times (-2) = 6 \times \left(-\frac{4}{3}\right) \times (-2) = 16$$

## ☑ 四則の混じった計算

● **かっこの中・累乗（るいじょう）** ➡ **乗法・除法** ➡ **加法・減法**の順に計算。

$$2^2 + 2 \times (3-7) = 4 + 2 \times (-4) = 4 + (-8) = -4$$

## ☑ 数の集合と四則

●

|  | 加法 | 減法 | 乗法 | 除法 |
|---|---|---|---|---|
| 自然数 | ○ | × | ○ | × |
| 整数 | ○ | ○ | ○ | × |
| 数 | ○ | ○ | ○ | ○ |

○…いつもその集合内でできる。
×…いつもその集合内でできるとは限らない。

## ☑ 素因数分解

● **素数**（そすう）だけの積で表す。

$63 = 3 \times 3 \times 7$

$= 3^2 \times 7$

# 9 積の表し方

## ☑ 1 | 文字を使った式

**(1)文字式のつくり方** … ことばの式をつくり，それに文字や
数をあてはめる。

例 「$a$ 円の本を買って，500 円出したときのおつり」

（おつり）＝（出した金額）－（代金） だから，
　　　　　　　　　↓　　　　　　　　↓
　　　　　　　　500　　　　　　　$a$

$500 - a$（円） または，$(500 - a)$円 と表せる。

## ☑ 2 | 積の表し方

**(1)文字の混じった乗法** … 記号×をはぶく。

例 $b \times a = ab$　←文字はふつうアルファベット順に書く

**(2)文字と数の積** … 数を文字の前に書く。1 ははぶく。

例 $x \times 5 = 5x$

例 $1 \times a = a$ ，$(-1) \times a = -a$
　　　　　　　　↑　　　　　　　　　↑
　　　　　　　　└─── 1 ははぶく ───┘

**(3)同じ文字の積** … 累乗の指数を使って表す。

例 $\underbrace{a \times a \times a}_{a \text{ が 3 個}} = a^3$ ←─ 指数は 3

## ✎ テストの例題チェック

---

> **1 積の表し方** 次の式を，文字式の表し方にしたがって表しなさい。
>
> (1) $b \times 7 \times a$    (2) $(x+y) \times (-1)$
>
> (3) $a \times 0.1 + b$

**注目** 記号×をはぶき，数を文字の前に書く。

☑(1)  $b \times 7 \times a = \underline{7ab}$ ⋯**答**
　　　　　　数が前↗　↖アルファベット順

☑(2)  $(x+y) \times (-1) = -1(x+y)$

　　　$= \underline{-(x+y)}$ ⋯**答**
　　　　↖1ははぶく

☑(3)  $a \times 0.1 + b = \underline{0.1a + b}$ ⋯**答**
　　　　　　0.1ははぶけない↗

（　）のついた式は，ひとまとまりと考える。

先頭の負の数に（　）はつけない。

> **ミス注意**
> ＋，－は，はぶけない！

---

> **2 同じ文字の積の表し方** 次の式を，文字式の表し方にしたがって表しなさい。
>
> (1) $a \times (-5) \times a \times a \times a$    (2) $x \times y \times x \times x \times y$

**注目** 同じ文字の積は，累乗の指数を使って表す！

☑(1)  $a \times (-5) \times a \times a \times a = \underline{-5a^4}$ ⋯**答**
　　　　　　　　　　　　　　　　　　　↖a が 4 個

☑(2)  $x \times y \times x \times x \times y = \underline{x^3} \times y^2$

　　　$= \underline{x^3 y^2}$ ⋯**答**
　　　　↖×をはぶく

> **ミス注意**
> $x \times x \times x = 3x$
> ではない！

# ⑩ 商の表し方

## 1 | 商の表し方

(1) **商の表し方** … 記号÷を使わずに，

**分数の形で書く。**

$$2 \div 3 = \frac{2}{3}$$

と同じ表し方

例 $a \div 3 = \dfrac{a}{3}$ ←÷3は×$\dfrac{1}{3}$と同じなので，$\dfrac{1}{3}a$と表してもよい。

分子・分母

例 $(a+b) \div (-8) = \dfrac{a+b}{-8} = -\dfrac{a+b}{8}$

（ ）ははぶく

ふつう，負の数の分数を表すとき，
−は分数の前に書く

## 2 | 記号×，÷を使わない表し方

(1) **記号×，÷を使わない表し方** … 記号×，÷ははぶけるが，

**記号＋，−ははぶけない**ことに注意して表す。

例 $x \div 5 \times y = \dfrac{x}{5} \times y = \dfrac{xy}{5}$

$\dfrac{x}{5} \times \dfrac{y}{1}$

例 $a \times 5 - 4 \div b = 5a - 4 \div b$

$= 5a - \dfrac{4}{b}$

**ミス注意**

記号−ははぶけ
ない！

# ✐ テストの例題チェック

---

## 1 商の表し方　次の式を，文字式の表し方にしたがって表しなさい。

(1) $(-7) \div a$　　　　　(2) $(x-y) \div (-4)$

### 注目 分数の形に書く！

☑ (1) $(-7) \div a = \dfrac{-7}{a} = -\dfrac{7}{a}$ … 答

☑ (2) $(x-y) \div (-4) = \dfrac{x-y}{-4}$

$= -\dfrac{x-y}{4}$ … 答

ーは分数の前に書く。

（ ）のついた式は，1つの文字と考えるとよい。

---

## 2 式を記号×，÷を使って表す　次の式を，×，÷の記号を使って表しなさい。

(1) $4ab$　　　　　(2) $2(x+y) - \dfrac{z}{7}$

### 注目 式がどんな計算を表しているのかを考える！

☑ (1) $\underset{\text{4とaとbをかけ合わせた式}}{4ab = 4 \times a \times b}$ … 答

☑ (2) $\underset{\substack{\text{2に }x+y\text{ 全体を} \\ \text{かけた式}}}{2(x+y)} - \underset{z\text{を7でわった式}}{\dfrac{z}{7}}$

$= 2 \times (x+y) - z \div 7$ … 答

$a \times 4 \times b$ や $4 \times b \times a$ でもよいが，ふつうはならんでいる順に書く。

**ミス注意**
$2 \times x + y$ ではない！

**数量の表し方**

☑ **1 | 数量の表し方**

(1) **数量の表し方** … ×や÷の記号を使わずに，
　　文字式の表し方にしたがって表す。

(2) **よく使われる公式や表し方**

　① **代金＝単価×個数**

　② **速さ＝道のり÷時間**

　③ **平均＝合計÷個数**

　④ **十の位の数が $a$，一の位の数が $b$ である**
　　　**2けたの整数 ➡ $10a+b$**

　例 1個 $a$ 円のりんごを5個買ったときの代金は，
　　（代金）＝（単価）×（個数）だから，$a×5＝\underline{5a}$（円）

(3) **単位が異なる量** … 単位をそろえて表す。

　例 $a$m と $b$cm の差は，単位を cm にそろえると，
　　$a$m＝$\underline{100a}$cm だから，$\underline{100a-b}$（cm）

☑ **2 | 割合・円周率の表し方**

(1) **割合の表し方**

　… $a$% ➡ $\dfrac{a}{100}$（または0.01$a$），$a$ 割 ➡ $\dfrac{a}{10}$（または0.1$a$）

(2) **円周率** … 円周率は $\overset{パイ}{\pi}$ で表す。

# ✎ テストの例題チェック

---

**1 数量の表し方** 次の数量を表す式を書きなさい。

(1) 5 km の道のりを時速 $a$ km で歩いたときにかかる時間

(2) $x$ 人で50円ずつ出し，$y$ 円の本を買ったときの残金

**注目 文字式の表し方にしたがって表す！**

☑ (1) (時間) = (道のり) ÷ (速さ)

$$= \quad 5 \quad ÷ a = \frac{5}{a} \text{ (時間)} \cdots \text{答}$$

☑ (2) (残金) = (集めた金額) − (本の代金)

$$= \quad 50 × x \quad − \quad y$$

$$= 50x − y \text{ (円)} \cdots \text{答}$$

> **参考**
> 時速 $a$km は，
> $a$km/h と書く
> こともある。

---

**2 割合・円周率の表し方** 次の数量を表す式を書きなさい。

(1) $a$ kg の17%の重さ   (2) 半径 $r$ cm の円の周の長さ

**注目 1 % ➡ $\frac{1}{100}$ （または0.01)，円周率は $\pi$！**

☑ (1) 17%を分数の割合で表すと，$\frac{17}{100}$ だから，

$$a × \frac{17}{100} = \frac{17}{100}a \text{ (kg)} \cdots \text{答}$$

☑ (2) (円周) = (直径) × (円周率) だから，
(半径)×2    $\pi$

$$r × 2 × \pi = 2\pi r \text{ (cm)} \cdots \text{答}$$

└── $\pi$ は数のあと，文字の前に書く

> もとにする量に
> 割合をかける。
> ── 17% → 0.17
> だから，
> 0.17$a$(kg)
> でもよい。

# 12 式の値

## ☑ 1 | 代入と式の値

(1)**代入**…式の中の**文字を数におきかえる**こと。

(2)**式の値**…代入して計算した結果。

> 例 $x=3$ のときの，$2x+4$ の値は，
>
> $2x+4=2\times x+4=2\times \underset{\uparrow 代入}{3}+4=\underline{10}$ ←式の値

## ☑ 2 | 代入のしかた

(1)**負の数の代入**…（ ）をつけて代入。

> 例 $x=-2$ のときの，$8-3x$ の値は，
>
> $8-3x=8-3\times \underset{\uparrow（ ）をつけて代入}{(-2)}=8+6=\underline{14}$

(2)**指数のついた式への代入**…負の数や分数は
（ ）をつけて代入。

> 例 $x=-5$ のときの，$x^2$ の値は，
>
> $x^2=\underset{\uparrow (-5)\times(-5)}{(-5)^2}=\underline{25}$

(3)**分数の式への代入**…÷を使った式になおして代入。

> 例 $x=-3$ のときの，$\dfrac{6}{x}$ の値は，
>
> $\dfrac{6}{x}=6\div x=6\div(-3)=\underline{-2}$

## ✎ テストの例題チェック

テストでは 式の値を求める問題は必ず出題される。特に負の数を代入する問題がねらわれる。

### 1 正の数・負の数の代入　次の式の値を求めなさい。

(1) $a=7$ のときの，$-2a+6$ の値

(2) $x=-\dfrac{3}{5}$ のときの，$10x-8$ の値

### 注目 ×の記号を使った式になおして代入するとよい!

☑(1)　$-2a+6=-2\times a+6$

　　　$=-2\times 7 +6=-14+6=-8$ … 答

☑(2)　$10x-8=10\times x-8$

　　　$=10\times\left(-\dfrac{3}{5}\right)-8=-6-8=-14$ … 答

　　　$\underset{(\ )をつけて代入}{\underbrace{\phantom{-\dfrac{3}{5}}}}$

**ミス注意**

$10x-8$
$=10-\dfrac{3}{5}-8$

とするな!

### 2 分数，指数のある式への代入　次の問いに答えなさい。

$a=-2$ のとき，次の式の値を求めなさい。

(1) $\dfrac{10}{a}+8$ 　　　　　　　(2) $(-a)^3$

### 注目 負の数は( )をつけて代入!

☑(1)　$\dfrac{10}{a}+8=10\div a +8$　←———————　÷を使った式に
なおす。

　　　$=10\div(-2)+8=-5+8=3$ … 答

☑(2)　$(-a)^3=\{-(-2)\}^3=2^3=8$ … 答

35

# 13 項と係数

## 1 | 項と係数

(1) **項** … 加法だけの式で，**加法の記号＋で結ばれた1つ1つ。**

$$2x - 3y + 5$$
$$= 2x + (-3y) + 5$$
項 / 係数

(2) **係数** … 文字をふくむ項で，**数の部分。**

**例** $-x - \dfrac{y}{3} + 5 = -x + \left(-\dfrac{y}{3}\right) + 5$ だから，

・項 → $\underline{-x}$, $\underline{-\dfrac{y}{3}}$, $\underline{5}$

・係数 → $x$ の係数…$\underline{-1}$，$y$ の係数…$\underline{-\dfrac{1}{3}}$ ← $\frac{y}{3} = -\frac{1}{3}y$

(3) **1次の項** … $2x$，$-3y$ のように，**文字が1つだけの項。**

(4) **1次式** … 1次の項だけか，1次の項と数の項の和で表される式。

**例** $a - b$ …1次式である。　　$x^2 - x + 1$ …1次式でない。
　　$a + 2b - 3$ …1次式である。
　　　　　　　　　└ $x^2 = x \times x$ だから，$x$ が2つある

## 2 | 式を簡単にすること

(1) **文字の部分が同じ項のまとめ方**

… $mx + nx = (m + n)x$ を利用して計算。
　　└分配法則の逆向きの形

**例** $3x + 2x = (3 + 2)x = 5x$

**例** $3x - 2x = (3 - 2)x = x$ ← 係数どうしを計算

## ✏ テストの例題チェック

### 1 文字の項の加減   次の計算をしなさい。

(1) $5a - 8a + 2a$

(2) $\dfrac{3}{4}x - \dfrac{2}{3}x$

### 注目 係数どうしを計算！

☑ (1)   $5a - 8a + 2a = (5 - 8 + 2)a = -a$ …答 ── 係数どうしを計算。

**ミス注意**

$-1a$ とするな！

☑ (2)   $\dfrac{3}{4}x - \dfrac{2}{3}x = \left(\dfrac{3}{4} - \dfrac{2}{3}\right)x$

$= \left(\dfrac{9}{12} - \dfrac{8}{12}\right)x = \dfrac{1}{12}x$ …答 ── 通分する。

### 2 項のまとめ方   次の計算をしなさい。

(1) $7x - 6 - 8x + 4$

(2) $a + 7 - \dfrac{1}{3}a - 3$

### 注目 文字の項，数の項でまとめる！

☑ (1)   $7x - 6 - 8x + 4 = \underline{7x - 8x} \ \underline{-6 + 4}$

　　　　　　　　　　　　　　文字の項　　数の項

$= -x - 2$ …答

☑ (2)   $a + 7 - \dfrac{1}{3}a - 3 = \underline{a - \dfrac{1}{3}a} + \underline{7 - 3}$

　　　　　　　　　　　　　　　　文字の項　　　数の項

$= \dfrac{2}{3}a + 4$ …答　　　　　　　　　$\left(1 - \dfrac{1}{3}\right)a$

**参考**

$7x$ と $-8x$
のように，文字の部分が同じ項を同類項という。

# 14 1次式の加減

## 1 | 1次式の加減

**(1)加法** … ＋（　）は，そのまま（　）をはずす。

$$+(a+b) = +a+b$$
$$+(a-b) = +a-b$$

例　$(3x+2)+(5x-3)$

$\hspace{2em}=3x+2+5x-3$　← そのまま（　）をはずす

$\hspace{2em}=3x+5x+2-3$　← 項を入れかえる

$\hspace{2em}=8x-1$　← 文字の項，数の項どうしをまとめる

**(2)減法** … −（　）は，（　）の中の各項の符号を変えて，
（　）をはずす。

$$-(a+b) = -a-b$$
$$-(a-b) = -a+b$$

例　$(3x+2)-(5x-3)$　← −（　）の中の各項の符号を変えて，（　）をはずす

$\hspace{2em}=3x+2-5x+3$

$\hspace{2em}=3x-5x+2+3$　← 項を入れかえる

$\hspace{2em}=-2x+5$　← 文字の項，数の項どうしをまとめる

## ✎ テストの例題チェック

**テストでは** 1次式の加法・減法は必ず出題される。特に、−( )のかっこをはずすときは、符号に注意しよう。

### 1 1次式の加法　次の計算をしなさい。

(1) $(5a-2)+(3a-4)$　　　　(2) $(-x+4)+(-6-4x)$

**注目** ＋( )は**そのまま**はずす。

☑(1) $(5a-2)+(3a-4)$
$=5a-2+3a-4=5a+3a-2-4$
$=8a-6$ … 答

　　　符号はそのまま。

　　　文字の項，数の項を集める。

☑(2) $(-x+4)+(-6-4x)$
$=-x+4-6-4x=-x-4x+4-6$
$=-5x-2$ … 答

**ミス注意**
項を入れかえるとき，符号を変えるな！

### 2 1次式の減法　次の計算をしなさい。

(1) $(4a-3)-(3a+4)$　　　　(2) $(3+x)-(8-3x)$

**注目** −( )は( )の中の各項の符号を変えてはずす！

☑(1) $(4a-3)-(3a+4)$
$=4a-3-3a-4=4a-3a-3-4$
$=a-7$ … 答

　　　符号を変える。

☑(2) $(3+x)-(8-3x)$
$=3+x-8+3x=x+3x+3-8$
$=4x-5$ … 答

**ミス注意**
符号の変え忘れに注意！

# 15 1次式と数との乗除

## 1 | 項が1つの式と数との乗除

(1) **乗法** … **数どうしの積**を求め，それに文字をかける。

例 $3x \times 4 = 3 \times x \times 4 = 3 \times \underline{4} \times x = 12x$

(2) **除法** … **分数の形**にして，数どうしで約分する。

例 $15a \div 3 = \dfrac{15a}{3} = \dfrac{\overset{5}{\cancel{15}} \times a}{\underset{1}{\cancel{3}}} = 5a$

分数の形にする↑　　　　　　↑←約分する

## 2 | 項が2つの式と数との乗除

(1) **乗法** … **分配法則**を使って，（ ）の外の数を（ ）内の
すべての項にかける。

**分配法則** $a(b+c) = ab + ac$

例 $2(4x-3) = \underline{2} \times 4x + \underline{2} \times (-3) = 8x - 6$

(2) **除法** … **分数の形**に表すか，除法を**乗法になおして**から計算。

例 $(8a+20) \div 4 = \dfrac{8a}{4} + \dfrac{20}{4} = 2a + 5$

$(8a+20) \times \dfrac{1}{4}$ または，$\dfrac{8a+20}{4}$

**ミス注意**

$\dfrac{\overset{2}{\cancel{8}}a+20}{\underset{1}{\cancel{4}}} = 2a + 20$

とミスしやすい。

## ✏️ テストの例題チェック

### 1 項が1つの式と数との乗除 次の計算をしなさい。

(1) $2x \times (-6)$

(2) $-9a \div \left(-\dfrac{3}{4}\right)$

### 注目 まずは**数どうしを計算**！

☑ (1) $\quad 2x \times (-6) = 2 \times (-6) \times x$

$= -12 \times x = -12x$ … 答 ——— 数どうしをかける。

☑ (2) $\quad -9a \div \left(-\dfrac{3}{4}\right) = -9a \times \left(-\dfrac{4}{3}\right)$ ——— 逆数をかける。

$= \overset{3}{+\cancel{9}} \times \dfrac{4}{\cancel{3}} \times a = 12a$ … 答 ——— 約分する。

符号は+ ↑ 1

### 2 項が2つの式と数との乗除 次の計算をしなさい。

(1) $-3(5x-2)$

(2) $(8a-2) \div \dfrac{2}{5}$

### 注目 **分配法則**を使って（　）をはずす！

☑ (1) $\quad -3(5x-2)$

$= (-3) \times 5x + (-3) \times (-2)$ ——— 分配法則を利用。

$= -15x + 6$ … 答

☑ (2) $\quad (8a-2) \div \dfrac{2}{5} = (8a-2) \times \dfrac{5}{2}$ ——— 逆数をかけて，乗法になおす。

$= 8a \times \dfrac{5}{2} + (-2) \times \dfrac{5}{2} = 20a - 5$ … 答

——— 分配法則を利用。

# 16 いろいろな計算

☑ **1 | いろいろな計算**

**(1) 分数の形の式と数との乗法** … 分母とかける数とで

約分し，「（　）×数」の形にしてから（　）をはずす。

例　$\dfrac{2x+3}{5}\times 10 = \dfrac{(2x+3)\times\overset{2}{\cancel{10}}}{\underset{1}{\cancel{5}}}$　　（　）をつける

　　　　　　　　　　　　　　　　　　　　約分する

$= (2x+3)\times 2$

　　　　　（　）×数　　　　　　（　）をはずす

$= 2x\times 2 + 3\times 2$

$= 4x + 6$

**(2) 数×（　）の加減** … 次の順に計算。

①分配法則を使って，（　）をはずす。

②文字の項，数の項をそれぞれまとめる。

例　$2(3a+5)+3(a-2)$

　　　　　　　　　　　　　　　　それぞれ（　）をはずす

$= 2\times 3a + 2\times 5 + 3\times a + 3\times(-2)$

$= 6a + 10 + 3a - 6$

$= 6a + 3a + 10 - 6$　　　文字の項，数の項を
　　　　　　　　　　　　　それぞれまとめる

$= 9a + 4$

## テストの例題チェック

テストでは　式が複雑になると、かっこをはずすときに符号のミスをしやすいので注意しよう。

### 1 分数の形の式と数との乗法　次の計算をしなさい。

(1) $8 \times \dfrac{a-5}{4}$

(2) $\dfrac{3x-2}{3} \times (-12)$

**注目** 分母とかける数とで**約分**し、（　）×数の形に！

☑ (1) $8 \times \dfrac{a-5}{4} = \dfrac{\overset{2}{8} \times (a-5)}{\underset{1}{4}}$ ───── 約分する。

$= 2 \times (a-5) = 2a - 10 \cdots$ 答

☑ (2) $\dfrac{3x-2}{3} \times (-12) = \dfrac{(3x-2) \times (-\overset{4}{12})}{\underset{1}{3}}$

**ミス注意**
符号をまちがえやすい！

$= (3x-2) \times (-4) = -12x + 8 \cdots$ 答

### 2 数×（　）の加減　次の計算をしなさい。

(1) $(5a-2) + 3(3-2a)$

(2) $2(x-3) - 5(-2x+1)$

**注目** （　）をはずし、**文字の項、数の項**をまとめる！

☑ (1) $(5a-2) + 3(3-2a)$

$= 5a - 2 + 9 - 6a$ ───── （　）をはずす。

$= 5a - 6a - 2 + 9 = -a + 7 \cdots$ 答

**ミス注意**
（　）をはずすとき、符号のミスに注意！

☑ (2) $2(x-3) - 5(-2x+1)$

$= 2x - 6 + 10x - 5$

$= 2x + 10x - 6 - 5 = 12x - 11 \cdots$ 答

# ✓ テスト直前 最終チェック！ ▶▶▶

## ✓ 積の表し方

❶ 記号×をはぶき，数を
文字の前に書く。

$$(-5) \times x \times y$$
$$= -5xy$$

- - - - - - - - - - - - - - - - - - - -

❷ 同じ文字の積は累乗の
指数を使って表す。

$$a \times a \times a = \underline{a^3}$$

- - - - - - - - - - - - - - - - - - - -

❸ 係数の1ははぶく。

$$1 \times a = \underline{a}$$
$$(-1) \times a = \underline{-a}$$

## ✓ 商の表し方

● 記号÷を使わずに，分数
の形で書く。

$$x \div 4 = \frac{x}{4}$$

## ✓ 式を簡単にする

● 文字の部分が同じ項は，
1つの項にまとめること
ができる。

$$5x - 3x$$
$$= (5-3)x = \underline{2x}$$

## ✓ 式の値

● 負の数や分数は，かっこ
をつけて代入。

$a = -2$ のとき，
$3-a$ の値は，
$$3-(-2) = 3+2 = 5$$

## ✓ 数量の表し方

❶ 記号×，÷をはぶいて
表す。単位の異なる量は
単位をそろえる。

$a$ m と $b$ cm の和は，
$a$ m$=\underline{100a}$ cm より，
$$\underline{100a}+b(\text{cm})$$

# 2章　文字と式

章

## ☑ 1次式の加減

● ＋( )はそのまま，－( )はかっこ
の中の各項の符号を変えてかっこを
はずす。

$+(x-y) = +x - y$
$-(x-y) = -x + y$

## ☑ 項が2つの式と数との乗除

● 乗法は，**分配法則**を使ってかっこ
をはずす。

$2(3x-4)$
$= \underline{2} \times 3x + \underline{2} \times (-4)$
$= \underline{6x} - 8$

② 除法は，**分数の形に表す**か，**除法
を乗法になおして**から分配法則を
利用して計算する。

$(3x-15) \div \dfrac{3}{4}$
$= (3x-15) \times \dfrac{4}{3}$
$= 4x \underline{- 20}$

② **よく使われる公式**

**代金**＝単価×個数
**速さ**＝道のり÷時間
**平均**＝合計÷個数

④ 十の位の数が $a$，
一の位の数が $b$ の
2けたの整数

$10\,\underline{a} + \underline{b}$

③ **割合**　$a$% $\cdots \dfrac{a}{100}$ $(\underline{0.01a})$，$a$ 割 $\cdots \dfrac{a}{10}$ $(\underline{0.1a})$

45

# 17 関係を表す式

## ✓ 1 等式・不等式

(1) **等式**（とうしき）… **等号＝**を使って，数量の
　　等しい関係を表した式。

(2) **不等式**（ふとうしき）… **不等号**を使って，数量の
　　大小関係を表した式。

　　＊不等号の表し方　$a$ は $b$ 以上…$a \geqq b$,
　　　$a$ は $b$ 以下…$a \leqq b$, $a$ は $b$ 未満…$a < b$

(3) **左辺**（さへん）・**右辺**（うへん）・**両辺**（りょうへん）… 等号や不等号
　　の左の部分を**左辺**，右の部分
　　を**右辺**，合わせて**両辺**という。

〔等式〕

$2x+3 = 4y$

左辺　右辺
└─両辺─┘

〔不等式〕

$2x+3 < 4y$

左辺　右辺
└─両辺─┘

## ✓ 2 方程式

(1) **方程式**（ほうていしき）… 式の中の文字に特別な値（あたい）を
　　代入すると成り立つ等式。

(2) **方程式の解**（かい）… 方程式を成り立たせる
　　文字の値。

　　＊方程式の解を求めることを，**方程式を
　　解く**という。

例 $5x-2=3x$ ……方程式で**ある**。
　　└─ $x=1$ のときだけ成り立つ

　$5x-2=3x$ …方程式で**ない**。
　　└─ $x$ がどんな値でも成り立つ

方程式

↓

$3x+1=16$

$x=5$

↑
解

$x=5$ を代入する
と成り立つ。

## ✏️ テストの例題チェック

### 1 関係を表す式  次の数量の関係を，等式または不等式で表しなさい。

(1) 1 個 $x$ 円のりんご 3 個の代金と，1 個 $y$ 円のみかん 5 個の代金は等しい。

(2) $x$ m のひもから 50 cm 切り取ると，$y$ cm 以上残る。

**注目** 数量を文字式で表し，**等号や不等号で結ぶ！**

☑ (1) りんごの代金は，$x \times 3 = 3x$ (円)

みかんの代金は，$y \times 5 = 5y$ (円)

したがって，$3x = 5y$ … 答

**参考**
等式には単位はつけない。

☑ (2) $x$ m $= 100x$ cm だから，50 cm 切り取った

長さは，$100x - 50$ (cm)

したがって，$100x - 50 \geqq y$ … 答

単位を cm にそろえる。

### 2 方程式の解  次の問いに答えなさい。

次の方程式で，$-2$ が解であるものはどちらか。

⑦ $2x - 3 = 7$          ⑦ $x - 6 = 5x + 2$

**注目** $x$ に $-2$ を代入し，**左辺＝右辺**となるものをさがす！

☑ ⑦ 左辺 $= 2 \times (-2) - 3 = -7$

右辺の 7 と等しくない。

$2x - 3$ の $x$ に $-2$ を代入。

⑦ 左辺 $= -2 - 6 = -8$

右辺 $= 5 \times (-2) + 2 = -8$

左辺＝右辺

答 ⑦

# 18 等式の性質

## ☑ 1 | 等式の性質

**(1)等式の性質** … $A=B$ ならば，次の等式も成り立つ。

$①A+C=B+C$ … 両辺に同じ数を**たしても**，
等式は成り立つ。

$②A-C=B-C$ … 両辺から同じ数を**ひいても**，
等式は成り立つ。

$③A×C=B×C$ … 両辺に同じ数を**かけても**，
等式は成り立つ。

$④A÷C=B÷C$ … 両辺を同じ数で**わっても**，
$(C≠0)$ 等式は成り立つ。

$C$ は 0 でないことを表す。

## ☑ 2 | 等式の性質と方程式

**(1)等式の性質を利用した方程式の解き方**

… 等式の性質を利用して，与えられた方程式を
「$x=$数」の形に変形する。

**例**
$$x-5=7$$

両辺に 5 をたして，$x-5+5=7+5$ …等式の性質①を利用

5 をたして 0 にする

$$x=12$$

**例**
$$\frac{x}{4}=6$$

両辺に 4 をかけて，$\dfrac{x}{4}×4=6×4$ …等式の性質③を利用

$x$ の係数を
1 にする

$$x=24$$

## ✎ テストの例題チェック

**テストでは** 等式の性質を利用して解を求める問題は方程式の基本。確実に得点できるようにしっかり理解しよう。

---

### 1 $x+a=b$, $x-a=b$ の形の方程式　次の方程式を解きなさい。

(1) $x+4=2$　　　　　　　　(2) $x-8=-6$

**注目** 等式の性質①，②を使い，「$x=$ 数」の形に変形！

☑(1) 両辺から 4 をひいて，

$$\underline{x+4-4}=2-4$$

$$x=-2 \cdots \boxed{答}$$

— 4 をひいて 0 にする。

☑(2) 両辺に 8 をたして，

$$\underline{x-8+8}=-6+8$$

$$x=2 \cdots \boxed{答}$$

— 8 をたして 0 にする。

---

### 2 $\dfrac{x}{a}=b$, $ax=b$ の形の方程式　次の方程式を解きなさい。

(1) $\dfrac{x}{6}=7$　　　　　　　　(2) $-5x=35$

**注目** 等式の性質③，④を使い，「$x=$ 数」の形に変形！

☑(1) 両辺に 6 をかけて，

$$\frac{x}{6} \times 6 = 7 \times 6$$

$$x=42 \cdots \boxed{答}$$

— 6 をかけて，$x$ の係数を 1 にする。

☑(2) 両辺を $-5$ でわって，

$$-5x \div (-5) = 35 \div (-5) \;\rightarrow\; x=-7 \cdots \boxed{答}$$

**ミス注意**

両辺を 5 ではなく，$-5$ でわる。

# 19 方程式の解き方

## ☑ 1 移項

(1) **移項**…等式の一方の辺の項を，その**符号を変えて**他方の
辺に移すこと。

例 $x+3=8$

$\underset{\text{移項}}{\longrightarrow}$

$x=8-3$

$\underset{\text{符号を変える}}{\longrightarrow}$

例 $5x=-2x+14$

$\underset{\text{移項}}{\longrightarrow}$

$5x+2x=14$

$\underset{\text{符号を変える}}{\longrightarrow}$

## ☑ 2 基本的な方程式の解き方

(1) **方程式の解き方**…次の手順で解く。

①文字の項を左辺に，数の項を
右辺に**移項する**。

②両辺を計算して，$ax=b$ の形にする。

③両辺を $x$ の係数 $a$ でわる。

例 $x+3=8$

$\underset{\text{移項}}{\longrightarrow}$

$x=8-3$

右辺を計算

$x=\boxed{5}$

例 $5x=-2x+14$

$\underset{\text{移項}}{\longrightarrow}$

$5x+2x=14$

左辺を計算

$\boxed{7}\,x=14$

両辺を 7 でわる

$x=\boxed{2}$

## ✏ テストの例題チェック

テストでは 移項の考えを使って方程式を解く問題は必出。移項するときの符号の変え忘れに注意しよう。

### 1 項を1つ移項する方程式　次の方程式を解きなさい。

(1) $4x - 8 = -28$　　　　　　(2) $-6x = -x + 15$

注目 **移項して，$ax = b$ の形にする！**

☑(1) $4x - 8 = -28$

$4x = -28 + 8$

$4x = -20 \longrightarrow x = -5$ …答

**ミス注意**

符号を変え忘れるな！

両辺を $x$ の係数 4 でわる。

☑(2) $-6x = -x + 15$

$-6x + x = 15$

$-5x = 15 \longrightarrow x = -3$ …答

両辺を $x$ の係数 $-5$ でわる。

### 2 項を2つ移項する方程式　次の方程式を解きなさい。

(1) $3x + 8 = 5x - 6$　　　　　　(2) $-6x - 12 = 9 + x$

注目 **文字の項は左辺，数の項は右辺に移項！**

☑(1) $3x + 8 = 5x - 6$

$3x - 5x = -6 - 8$

$-2x = -14 \longrightarrow x = 7$ …答

$x$ の項を左辺に移項し，$ax = b$ の形にする。

☑(2) $-6x - 12 = 9 + x$

$-6x - x = 9 + 12$

$-7x = 21 \longrightarrow x = -3$ …答

# 20 いろいろな方程式

## ☑ 1 | いろいろな方程式の解き方

**(1) かっこのある方程式** … **分配法則**を利用して，
かっこをはずしてから解く。

例 $5(x-2)=3x+4$　かっこをはずす。
$\quad 5x-10=3x+4$　$a(b+c)=ab+ac$ を利用
$\quad 5x-3x=4+10$　移項
$\quad\quad 2x=\underline{14}\ \longrightarrow\ x=\underline{7}$

**(2) 小数をふくむ方程式** … 両辺に**10や100をかけて**，
**係数を整数にして**解く。

例 $\quad\quad 1.6x+1.2=2x$
$\quad (1.6x+1.2)\times\underline{10}=2x\times\underline{10}$　両辺に10をかける
$\quad\quad 16x+12=20x\ \longrightarrow$ これまでと同じようにして解く。

**(3) 分数をふくむ方程式** … 両辺に**分母の最小公倍数**をかけ，
**分母をはらって**解く。
└─ 分数をふくまない方程式に変えること

例 $\quad\quad\dfrac{1}{4}x-5=\dfrac{2}{3}x$
$\quad \left(\dfrac{1}{4}x-5\right)\times 12=\dfrac{2}{3}x\times 12$　両辺に分母の最小公倍数12を
かける

$\quad\quad 3x-60=8x\ \longrightarrow$ これまでと同じようにして解く。

## ✎ テストの例題チェック

テストでは 係数を整数になおすとき，数（特に整数）の項へかけ忘れるミスが多いので注意しよう。

### 1 かっこのある方程式　次の方程式を解きなさい。

$$-3(2+3x)=2(4-x)$$

注目 まず，（　）をはずす！

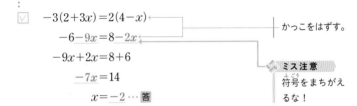

$$-3(2+3x)=2(4-x)$$
$$-6-9x=8-2x$$
$$-9x+2x=8+6$$
$$-7x=14$$
$$x=-2 \cdots 答$$

かっこをはずす。

**ミス注意**
符号をまちがえるな！

### 2 分数の形の式と方程式　次の方程式を解きなさい。

$$\frac{2x+1}{5}=\frac{x-3}{6}$$

注目 まず，分母をはらう！

$$\frac{2x+1}{5}=\frac{x-3}{6}$$
$$\frac{2x+1}{5}\times 30=\frac{x-3}{6}\times 30$$
$$(2x+1)\times 6=(x-3)\times 5$$
$$12x+6=5x-15$$
$$12x-5x=-15-6$$
$$7x=-21 \rightarrow x=-3 \cdots 答$$

両辺に，分母の最小公倍数30をかける。

分母と30で約分。

**参考**
（1次式）＝0 の形に変形できる方程式を，1次方程式という。

# 21 方程式の応用(1)

☑ **1│方程式の応用問題の解き方**

**(1)解き方の手順**

**方程式をつくる** •••
- ①問題を整理し，何を $x$ を使って表すかを決める。
- ②等しい関係にある数量をみつけて，方程式をつくる。

⬇

**方程式を解く**

⬇

**解を検討する** ••• 方程式の解が問題に適しているか調べる。

☑ **2│方程式の応用問題でよく使われる公式**

**(1)よく使われる公式・表し方**

①代金＝単価×個数

②速さ＝道のり÷時間

③十の位の数が $a$，一の位の数が $b$ の2けたの自然数

➡ $10a+b$

例 「500円出して，鉛筆4本と150円のノートを買うと，おつりは110円だった。鉛筆1本の値段はいくらか求めなさい。」

鉛筆1本の値段を $x$ 円とすると，

(出したお金)－(代金の合計)＝(おつり)だから，
　　↓　　　　　　↓　　　　　　↓
　　500　　　　$4x+150$　　　110

方程式は，$500-(4x+150)=110$　→　$x=60$

解の60は問題に適しているので，答えは 60 円。

└─ 解の60が自然数になっている

## ✍ テストの例題チェック

テストでは 問題文から等しい関係を読み取り，方程式をつくれるように練習しておこう。

**1 代金に関する問題** 次の問いに答えなさい。

1個50円のみかんと1個130円のりんごを合わせて10個買ったら，代金の合計が820円だった。みかんは何個買ったか求めなさい。

注目 **みかんを $x$ 個とすると，りんごは $10-x$（個）！**

☑ みかんを $x$ 個買ったとすると，

りんごの個数は $10-x$（個）だから，

$50x+130(10-x)=820$

→ $x=6$

求める数量を $x$ とするとよい。

解の検討をする。

**答 6個**

**2 速さに関する問題** 次の問いに答えなさい。

妹が家を出てから8分後に，兄は家を出て同じ道で妹を追いかけた。妹は毎分60m，兄は毎分90mで歩くとすると，兄は家を出てから何分後に妹に追いつくか求めなさい。

注目 **追いつくまでに2人が歩いた道のりは等しい！**

☑ 兄が家を出てから $x$ 分後に追いつくとすると，

妹の歩いた時間は $8+x$（分）

よって，$90x=60(8+x)$
　　　　兄が歩いた道のり　妹が歩いた道のり

→ $x=16$

2人が歩いた道のりは等しい。

**答 16分後**

# 22 方程式の応用(2)

## ☑ 1 | 比例式

(1) **比例式** … 2つの比が等しいことを表した式。

$a : b$ と $c : d$ は等しい ➡ $a : b = c : d$ **比例式**

(2) **比例式の性質**

$a : b = c : d$ ならば $ad = bc$

(3) **比例式の利用** … 数量の関係を $x$ を使って比例式に表し，$x$ の値を求める。

例 $x : 12 = 3 : 4$ の $x$ の値を求めると，

$x : 12 = 3 : 4$

$a : b = c : d$ ならば $ad = bc$

$x \times \underline{4} = 12 \times 3$

$x = \dfrac{\overset{3}{\cancel{12}} \times 3}{\underset{1}{\cancel{4}}} \longrightarrow x = \underline{9}$

## ☑ 2 | 解から別の文字の値を求める問題

例 $x$ についての方程式 $5x + a = 20$ の解が $x = 3$ であるとき，$a$ の値を求めなさい。

方程式 $5x + a = 20$ に $x = 3$ を代入して，**$a$ についての方程式**をつくり，$a$ について解く。

$5 \times \underline{3} + a = 20$

$\underline{15} + a = 20 \longrightarrow a = \underline{5}$

## ✎ テストの例題チェック

**テストでは** 比例式から $x$ の値を求める問題はよく出る。比例式の性質をしっかり使えるようにしておこう。

**1 比例式を利用する問題** 次の問いに答えなさい。

140 cm のリボンを，姉と妹で長さの比が 4：3 になるように分けるとき，姉のリボンの長さは何 cm か求めなさい。

**注目** **等しい比**を考えて，比例式に表して解く！

☑ 姉と妹の長さの比が 4：3 だから，全体の
長さは，4＋3＝7 となる。

全体の長さと姉の長さの比を考えて，比例式で表す。

姉のリボンの長さを $x$ cm とすると，

$$140 : x = 7 : 4$$

$$140 \times 4 = x \times 7$$

$a : b = c : d$ ならば $ad = bc$

$$x = \frac{\overset{20}{\cancel{140}} \times 4}{\underset{1}{\cancel{7}}} \longrightarrow x = 80$$ **答** 80 cm

**2 解から別の文字の値を求める問題** 次の問いに答えなさい。

$x$ についての方程式 $4x - a = 24$ の解が $x = 5$ であるとき，$a$ の値を求めなさい。

**注目** 方程式に**解を代入**し，**$a$ について解く**！

☑ $4x - a = 24$ に $x = 5$ を代入して，

$$4 \times 5 - a = 24$$

$$20 - a = 24$$

$$a = -4 \cdots$$ **答**

$a$ についての方程式とみて解く。

57

# テスト直前 最終チェック！ ▶▶▶

## ☑ 等式の性質

① $A=B$ ならば，次の等式も成り立つ。

① $A+C=B+C$
② $A-C=B-C$
③ $A\times C=B\times C$
④ $A\div C=B\div C$
　　　$(C\neq0)$

- - - - - - - - - - - - - - - - - - - -

② 等式の性質を利用して，**方程式を解く**ことができる。

$$x-2=3$$
$$x-2+2=3+2$$
$$x=5$$

## ☑ 移項

● 一方の辺の項は，**符号を変えて**他方の辺に**移項**できる。

$$x+3=8$$
$$x=8-3 \rightarrow x=5$$

## ☑ 基本的な方程式の解き方

● 次の手順で解く。

①文字の項を左辺に，数の項を右辺に**移項する**。

②両辺を計算して，$ax=b$ の形にする。

③両辺を $x$ の係数 $a$ でわる。

$$5x-8=3x \quad ①$$
$$5x-3x=8 \quad ②$$
$$2x=8 \quad ③$$
$$x=4$$

## ☑ 方程式の応用〜解き方の手順〜

● **方程式をつくる**

①何を $x$ を使って表すかを決める。

②等しい数量をみつけて，方程式をつくる。

# 3章　方程式

## ☑ いろいろな方程式

① かっこのある方程式は，**分配法則**を利用して，**かっこをはずしてから解く**。

$$2(x-3)=x+2$$
$$2x-6=x+2$$
$$2x-x=2+6$$
$$x=\underline{8}$$

② 係数に小数をふくむ方程式は，両辺に10や100をかけて，**係数を整数にして解く**。

$$\underset{\downarrow \times 10}{\underline{0.8x-2}}=\underset{\downarrow \times 10}{\underline{0.7x}}$$
$$8x-\underline{20}=7x$$
$$x=20$$

③ 係数に分数をふくむ方程式は，両辺に**分母の最小公倍数**をかけ，**分母をはらって解く**。

$$\frac{1}{2}x-5=\frac{2}{3}x$$
$$\left(\frac{1}{2}x-5\right)\times\underline{6}=\frac{2}{3}x\times\underline{6}$$
$$3x-30=\underline{4x}$$
$$x=-30$$

方程式を解く

⬇

解を検討する

解が問題に適しているか調べる。

## ☑ 比例式の性質

① $a:b=c:d$ ならば，

$$\underline{ad=bc}$$

$x:9=2:3$

$\underline{3}\,x=\underline{9}\times\underline{2}$ → $x=\underline{6}$

# 23 比 例

## ☑ 1 関数

(1)**関数**… ともなって変わる2つの数量 $x$, $y$ があって，$x$ の値を決めると，それに対応して $y$ の値がただ1つに決まるとき，**$y$ は $x$ の関数である**という。

**例** 1辺が $x$ cm の正方形の面積 $y$ cm²

　➡ $y$ は $x$ の**関数である**。

**例** 身長 $x$ cm の人の体重 $y$ kg ➡ $y$ は $x$ の**関数ではない**。

## ☑ 2 比例

(1)**比例**… 変数 $x$, $y$ の関係が，右のような式で表されるとき，**$y$ は $x$ に比例する**という。また，$a$ を**比例定数**という。

$$y = ax$$
↑ 比例定数

(2)**比例の性質**… $y$ が $x$ に比例するとき，

　① $x$ の値を2倍，3倍，…すると，$y$ の値も2倍，3倍，…となっていく。

　② $x \neq 0$ のとき，商 $\dfrac{y}{x}$ は一定で，**比例定数 $a$ に等しい**。
　　└─ $x$ は0でないことを表す

**例** 「1本60円の鉛筆 $x$ 本と，その代金 $y$ 円との関係」

　　$y = 60x$ …$y = ax$ の形だから，$y$ は $x$ に**比例する**。

　　　　　比例定数は60

## ✏️ テストの例題チェック

テストでは $x$ と $y$ の関係を式に表し，比例するか判断したり，比例定数を答えたりする問題がよく出る。

### 1 比例の式　次の $x$, $y$ の関係で，$y$ が $x$ に比例するものを選びなさい。

$⑦\ y=2x+1$ 　　　 $⑦\ y=\dfrac{x}{2}$ 　　　 $⑦\ y=10-x$

注目 **$y=ax$ の形であれば比例！**

☑ $⑦$，$⑦$ は，$y=ax$ の形ではないので，

　　$y$ は $x$ に比例しない。

　　　$⑦$ は，$y=\dfrac{1}{2}x$ と表せ，$y=ax$ の形なので，

　　$y$ は $x$ に比例する。　　　　　　　　　　答 $⑦$

> $x$ が2倍，3倍，
> …になっても，
> $y$ は2倍，3倍，
> …にならない。
>
> 比例定数は $\dfrac{1}{2}$

### 2 比例の判断　次の $x$, $y$ の関係で，$y$ が $x$ に比例するかを調べなさい。

(1) 18枚の画用紙のうち，$x$ 枚使ったときの残り $y$ 枚

(2) 毎分 70 m で $x$ 分歩いたときの道のり $y$ m

注目 ことばの式や公式にあてはめて，**まず式をつくる！**

☑ (1) (残りの枚数)＝(全部の枚数)－(使った枚

　　数)より，式は，$y=18-x$

　　　$y=ax$ の形ではないので，$y$ は $x$ に

　　比例しない。… 答

> **参考**
> 比例定数は，
> 小数や分数，
> 負の数の場合も
> ある。

☑ (2) (道のり)＝(速さ)×(時間)より，

　　式は，$y=70x$　 $y=ax$ の形なので，

　　$y$ は $x$ に比例する。… 答

> 比例定数は70

# 24 比例の式の求め方・変域

## ☑ 1 | 比例の式の求め方

(1) **比例定数の求め方** … $y$ が $x$ に比例するとき，**$y=ax$ と**
　おいて $x$ と $y$ の値を代入し，$a$ の値を求める。

> 例 「$y$ は $x$ に比例し，$x=2$ のとき $y=8$」
> $y=ax$ とおき，$x=2$，$y=8$ を代入して，
> $8=a\times2 \rightarrow a=4$
> したがって，式は，$y=4x$

## ☑ 2 | 変域

(1) **変域** … 変数のとりうる値の範囲。

(2) **変域の表し方** … 不等号を使って表す。

　① **以上・以下** … その数をふくむ。$\leqq$ か $\geqq$ の不等号を使って表す。

　② **未満** … その数をふくまず，その数より小さい。
　　　　　　　　$<$ か $>$ の不等号を使って表す。

　③ **〜より大きい** … その数をふくまない。$<$ か $>$ の
　　　　　　　　　　不等号を使って表す。

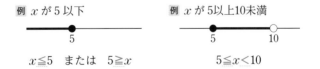

> 例 $x$ が 5 以下
> $x\leqq5$ または $5\geqq x$

> 例 $x$ が 5 以上 10 未満
> $5\leqq x<10$
> または $10>x\geqq5$

## ✎ テストの例題チェック

テストでは 比例定数を求めるとき，$x$，$y$ の値をとりちがえて代入するミスが起きやすいので，注意しよう。

---

### 1 比例の式の求め方　$y$ を $x$ の式で表しなさい。

$y$ は $x$ に比例し，$x=2$ のとき $y=-12$

注目 **$y=ax$ に $x$，$y$ の値を代入し，$a$ の値を求める！**

☑ $y=ax$ とおき，$x=2$，$y=-12$ を
代入して，
$$-12=a\times 2 \;\rightarrow\; a=-6$$
したがって，式は，$y=-6x$ … 答

> 比例定数は負の
> 数になることも
> ある。

---

### 2 変域を求める問題　次の問いに答えなさい。

24 L 入る空の水そうに，毎分 4 L の割合で水を入れていく。
$x$ 分後の水の量を $y$ L とする。

(1) $y$ を $x$ の式で表しなさい。

(2) $x$ の変域を不等号を使って表しなさい。

注目 **$x$ の変域は，0 から満水になるまで！**

☑ (1) $x$ 分後の水の量は，$4x$ L だから，
$$y=4x \cdots 答$$

> 空の状態を，
> 水を入れはじめ
> て 0 分と考える。

☑ (2) $x$ の最小値は 0（分）で，最大値は，満水に
なるまでの，$24\div4=6$（分）
だから，$x$ の変域は，
$$0\leqq x\leqq 6 \cdots 答 \quad \longleftarrow 0 も 6 もふくまれる$$

> 参考
> $y$ の変域は，
> $0\leqq y\leqq 24$

# 25 座標

## ☑ 1│座標軸

(1) $x$ 軸…横の数直線のこと。

(2) $y$ 軸…縦の数直線のこと。

(3) 座標軸… $x$ 軸と $y$ 軸をあわせたよび方。

(4) 原点… $x$ 軸と $y$ 軸の交点 $O$ のこと。

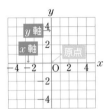

## ☑ 2│点の座標

(1) 座標…右の図の点 $P$ の位置を $(4, 3)$
と表し，これを点 $P$ の座標と
いう。点 $P$ を，$P(4, 3)$ とも
書く。

(2) $x$ 座標

… $P(4, 3)$ では $4$ が $x$ 座標。

(3) $y$ 座標

… $P(4, 3)$ では $3$ が $y$ 座標。

座標

$$P( \underset{\substack{\uparrow \\ x\text{座標}}}{4} , \underset{\substack{\uparrow \\ y\text{座標}}}{3} )$$

例 上の図で，点 $Q$ の座標は，

$x$ 座標が $-2$，$y$ 座標が $-3$ だから，$Q(-2, -3)$

例 原点 $O$ の座標は，

$x$ 座標が $0$，$y$ 座標が $0$ だから，$O(0, 0)$

## ✎ テストの例題チェック

テストでは 点の座標を答えるとき，$x$ と $y$ の座標をとりちがえるミスが多い。十分に注意しよう。

### 1 点の座標 次の点の座標を答えなさい。

**(1) 点 A** **(2) 点 B**

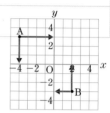

注目 $x$ 座標が $a$，$y$ 座標が $b$
➡ $(a, b)$ と表す!

☑(1) 点 A の $x$ 座標は $-4$，$y$ 座標は $3$

だから，A($-4$，$3$) … 答

☑(2) 点 B の $x$ 座標は $2$，$y$ 座標は $-3$

だから，B($2$，$-3$) … 答

└ $x$ 座標を左，
$y$ 座標を右に書く。

### 2 $x$ 軸，$y$ 軸上の点の座標 次の点の座標を答えなさい。

**(1) 点 A** **(2) 点 B**

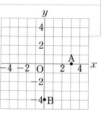

注目 $x$ 軸上 ➡ $y$ 座標は $0$
$y$ 軸上 ➡ $x$ 座標は $0$

☑(1) 点 A の $x$ 座標は $3$，$y$ 座標は $0$

だから，A($3$，$0$) … 答

☑(2) 点 B の $x$ 座標は $0$，$y$ 座標は $-4$

だから，B($0$，$-4$) … 答

⚠ **ミス注意**

どちらの座標が $0$ か，しっかり確認!

# 26 比例のグラフ

## ☑ 1│比例のグラフ

(1)**比例のグラフ** … 比例 $y=ax$ のグラフは，

<u>原点</u>を通る直線。

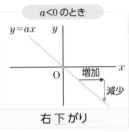

➡ $x$ が増加すると $y$ も増加

➡ $x$ が増加すると $y$ は減少

## ☑ 2│比例のグラフのかき方

(1)**比例のグラフのかき方** … 原点ともう1つの点をとって，

**これらを通る直線**をひけばよい。

例 $y=2x$ のグラフ

$x=1$ のとき，$y$ は，

$\underline{y=2\times1=2}$

└─ $y=2x$ に $x=1$ を代入

したがって，原点と

点(1，<u>2</u>)を通る直線をひく。

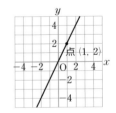

**1 比例のグラフをかく** 次の問いに答えなさい。

$y=-\dfrac{3}{2}x$ のグラフをかきなさい。

注目 まず，**原点以外のもう1つの点**をとる！

☑ $x=2$ のとき，

$y=-\dfrac{3}{2}\times2=\underline{-3}$

したがって，原点と

点$(2,\ \underline{-3})$を通る

直線をひく。

答 右図

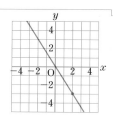

$x,\ y$座標がともに整数になるような点を考えるとよい。

**2 比例のグラフから式を求める** 次の問いに答えなさい。

右は比例のグラフである。$y$ を $x$ の式で表しなさい。

注目 $y=ax$ に**通る点の座標を代入**！

☑ グラフは点$(3,\ 2)$を通るから，

$y=ax$ に，$x=3$，$y=2$ を代入して，

$\underline{2}=a\times\underline{3}\ \rightarrow\ a=\dfrac{2}{3}$

したがって，式は，$y=\dfrac{2}{3}x$ …答

$x$座標，$y$座標がともに整数の点をみつける。

# 27 反比例

## ☑ 1 | 反比例の式と性質

(1) **反比例**…変数 $x$, $y$ の関係が，右のような
式で表されるとき，**$y$ は $x$ に反比例する**
という。また，$a$ を比例定数という。

$$y = \frac{a}{x} \leftarrow$$
比例定数┘
↓
$$xy = a$$
（一定）

(2) **反比例の性質**…$y$ が $x$ に反比例するとき，

① $x$ の値を 2 倍，3 倍，…すると，

$y$ の値は $\frac{1}{2}$ 倍，$\frac{1}{3}$ 倍，…となっていく。

② $x$ と $y$ の積 $xy$ は一定で，**比例定数 $a$ に等しい。**

(注) 反比例では，$x=0$ に対応する $y$ の値はない。

例 「面積 5 cm² の長方形の縦の長さ $x$ cm と横の長さ $y$ cm の関係」

$x \times y = \underline{5}$ → $y = \dfrac{5}{x}$ … $y$ は $x$ に反比例する。

$\underset{y=\frac{a}{x}\text{の形}}{}$

## ☑ 2 | 反比例の式の求め方

(1) **比例定数の求め方**…$y$ が $x$ に反比例するとき，**$y = \dfrac{a}{x}$**

とおいて **$x$ と $y$ の値を代入し，$a$ の値を求める。**

$\underset{\substack{\leftarrow xy=a \\ \text{とおいてもよい}}}{}$

例 「$y$ は $x$ に反比例し，$x=3$ のとき $y=2$」

$y = \dfrac{a}{x}$ とおき，$x=3$，$y=2$ を代入して，

$2 = \dfrac{a}{3}$ → $a = \underline{6}$ したがって，式は，$y = \dfrac{6}{x}$

## ✎ テストの例題チェック

テストでは $x$ と $y$ の関係を式に表し，比例か反比例かを判断する問題や，反比例の式を求める問題がよく出る。

### 1 反比例の判断　$y$ が $x$ に反比例するかどうか答えなさい。

面積が $10\,\mathrm{cm}^2$ で，底辺が $x\,\mathrm{cm}$ の三角形の高さ $y\,\mathrm{cm}$

注目 $y = \dfrac{a}{x}$ の形になれば**反比例**！

☑ （三角形の面積）＝（底辺）×（高さ）÷2

だから，$10 = x \times y \div 2 \;\rightarrow\; xy = 20$

したがって，式は，$y = \dfrac{20}{x}$ だから，

$y$ は $x$ に反比例する。…答

積が一定だから，これからも反比例であることがわかる。

$y = \dfrac{a}{x}$ の形になっている。

### 2 反比例の式の求め方　次の問いに答えなさい。

$y$ は $x$ に反比例し，$x=2$ のとき $y=-9$ である。
$x=6$ のときの $y$ の値を求めなさい。

注目 まず，**反比例の式** を求める！

☑ $y = \dfrac{a}{x}$ とおき，$x=2$，$y=-9$ を代入して，

$-9 = \dfrac{a}{2} \;\rightarrow\; a = -18$

式は，$y = -\dfrac{18}{x}$ だから，$x=6$ を代入

して，$y = -\dfrac{18}{6} = -3$ …答

比例定数が負の数になることもある。

**ミス注意**
$y = \dfrac{-18}{x}$ とは書かない！

# 28 反比例のグラフ

## ☑ 1 反比例のグラフ

**(1)反比例のグラフ** … $y=\dfrac{a}{x}$ のグラフは,

　　　　**双曲線**（2つのなめらかな曲線）。

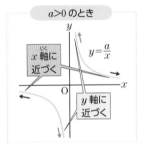

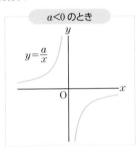

## ☑ 2 反比例のグラフのかき方

**(1)反比例のグラフのかき方** … なるべく多くの点をとり,

　　それらの点を通る**なめらかな曲線**をかく。

例 $y=\dfrac{6}{x}$ のグラフ

| $x$ | $-6$ | $-3$ | $-2$ | $-1$ |
|---|---|---|---|---|
| $y$ | $-1$ | $-2$ | $-3$ | $-6$ |

| | $1$ | $2$ | $3$ | $6$ |
|---|---|---|---|---|
| | $6$ | $3$ | $2$ | $1$ |

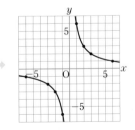

# ✎ テストの例題チェック

> **テストでは** 反比例のグラフは，$x$軸，$y$軸とは交わらないことに注意してかこう。

## I 反比例のグラフをかく 次の問いに答えなさい。

$y = -\dfrac{6}{x}$ のグラフをかきなさい。

**注目** **なるべく多くの点** をとる！

☑ 対応する $x$，$y$ の
値を求めて点をとり，
曲線で結ぶ。

| $x$ | $-6$ | $-3$ | $-2$ | $-1$ |
|---|---|---|---|---|
| $y$ | $1$ | $2$ | $3$ | $6$ |

| | | | |
|---|---|---|---|
| $1$ | $2$ | $3$ | $6$ |
| $-6$ | $-3$ | $-2$ | $-1$ |

**答** 上図

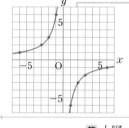

**ミス注意**
グラフは，$x$軸，
$y$軸に交わらな
いようにかく。

$x$，$y$ の値が整
数になるような
値の組を求め
る。

## 2 反比例のグラフから式を求める 次の問いに答えなさい。

右は反比例のグラフである。
$y$ を $x$ の式で表しなさい。

**注目** $y = \dfrac{a}{x}$ に **通る点の座標を代入！**

☑ グラフは点$(\underline{2}, \underline{4})$を通るから，

$y = \dfrac{a}{x}$ に，$x = \underline{2}$，$y = \underline{4}$ を代入

して，$a = \underline{8}$ → $y = \dfrac{8}{x}$ …答

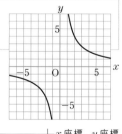

$x$座標，$y$座標
とも，整数の点
を選ぶとよい。

4章

71

# 29 比例と反比例の利用

## 1 比例と反比例の利用

### (1)解き方の手順

①ともなって変わる量の関係が，**比例と反比例の**
**どちらかを調べる。**

②比例または反比例の**式をつくる。**

③式に，$x$ または $y$ の値を代入し，**答えを求める。**

④**求めた答えの検討をする。**

例 「12分間で48Lの水が出る水道管がある。この水道管で水
を20分間出し続けると，何Lの水が出るか求めなさい。」

$x$ 分間に出る水の量を $y$L とすると，$y$ は $x$ に**比例する**
から，$y=ax$　これに $x=12$，$y=48$ を代入して，

$$48=a\times12 \ \rightarrow \ a=\underline{4}$$

式は，$y=\underline{4}x$ となり，これに $x=20$ を代入して，

$$y=4\times\underline{20}=80$$　したがって，答えは80L

例 「1分間に4Lずつ水を入れると，40分間でいっぱいにな
る水そうがある。この水そうに，1分間に5Lずつ水を入れ
ると，いっぱいになるまでに何分間かかるか求めなさい。」

1分間に $x$L ずつ水を入れると，満水までに $y$ 分間かか
るとすると，$x$ と $y$ は，$x\times y=\underline{4}\times40$ の関係にあるから，

式は，$y=\dfrac{160}{x}$　これに $x=5$ を代入して，

$y$ は $x$ に反比例する

$$y=\dfrac{160}{5}=32$$　したがって，答えは32分間。

## ✏ テストの例題チェック

### 1 比例の利用　次の問いに答えなさい。

　針金 5 m の重さをはかったら，70 g あった。同じ針金が 350 g あるとき，長さは何 m か求めなさい。

注目 針金の重さは**長さに比例**する！

☑ 針金 $x$ m の重さを $y$ g とすると，$y$ は $x$ に比例するから，$y=\underline{ax}$ とおき，$x=5$，$y=70$ を代入して，$a=\underline{14}$ ←

$\left\{\begin{array}{l}70=a\times5\\a=70\div5\end{array}\right.$

　式は，$y=\underline{14}x$ となり，これに $y=\underline{350}$ を代入して，$350=14\times x \;\rightarrow\; x=\underline{25}$

14 は，針金 1 m の重さ(g)を表している。

答 25 m

### 2 反比例の利用　次の問いに答えなさい。

　分速 60 m で歩くと 15 分かかる道のりを，10 分で歩くためには，分速何 m で歩けばよいか求めなさい。

注目 速さが変わっても，**道のりは一定**！

☑ 分速 $x$ m で歩いたとき，到着(とうちゃく)するのに $y$ 分かかるとすると，$x\times y=60\times15$ より，

　式は，$y=\dfrac{900}{x}$ ← これに，$y=10$ を代入して，

900 は，道のり (m) を表している。

$10=\dfrac{900}{x} \;\rightarrow\; x=\underline{90}$

答 分速 90 m

## ✓ 座標

### ❶ 座標軸

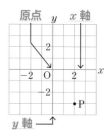

原点 　$y$　$x$軸

---

### ❷ 点の座標

上の図の点Pの座標は，

$$\mathrm{P}(\underset{\uparrow}{2}, \underset{\uparrow}{-3})$$

　$x$座標　$y$座標

## ✓ 変域

● 変数のとりうる値の範囲。

$x$が0以上5未満

⬇

$$0 \leqq x < 5$$

## ✓ 比例

### ❶ 比例の式

$$y = ax \quad (a は比例定数)$$

---

### ❷ 比例の性質

(1) $x$の値を2倍，3倍，
　…すると，$y$の値も
　2倍，3倍，…になる。

(2) 商 $\dfrac{y}{x}$ は一定。

## ✓ 反比例

### ❶ 反比例の式

$$y = \dfrac{a}{x} \quad (a は比例定数)$$

---

### ❷ 反比例の性質

(1) $x$の値を2倍，3倍，
　…すると，$y$の値は
　$\dfrac{1}{2}$倍，$\dfrac{1}{3}$倍，…になる。

(2) 積 $xy$ は一定。

# ▸▸ 4章　比例と反比例

### ③ 比例のグラフ

$y = ax$ のグラフは，**原点**を通る**直線**。

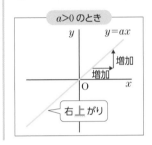

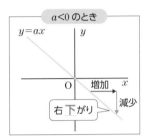

### ③ 反比例のグラフ

$y = \dfrac{a}{x}$ のグラフは，**双曲線**。

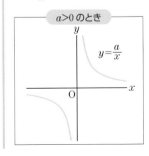

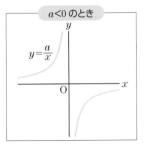

# 30 直線と角

## 1 直線

(1) **直線** … まっすぐに限りなくのびている線。

(2) **線分** … 直線の一部で両端のあるもの。

(3) **半直線** … 1点を端として一方にだけのびている直線。

(4) **2点間の距離** … 2点を結ぶ線分の長さ。

直線 AB

A    B

線分 AB

A    B

半直線 AB

A    B

例 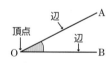 左の図で2点 A, B の距離を表しているのは, ⑦の線分の長さ。

## 2 角の表し方

(1) **角の表し方** … 1つの点 O から半直線 OA, OB によって角ができる。この角を記号 ∠ を使って **∠AOB** と書き, 「角 AOB」と読む。

辺

頂点

辺

O    B

*まぎらわしくないときは, ∠O と表してもよい。

例 右の図に示した角を, 記号を使って表すと, 頂点は**O**, 辺は OA, **OD**だから,

**∠AOD**
└ 頂点をまん中に書く

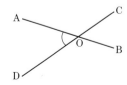

# ✍ テストの例題チェック

---

**1 直線・線分上の点** 下の図で，次の点を点ア～エから選びなさい。

(1) 線分 AB 上にある点

(2) 直線 BC 上にある点

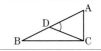

**注目 線分，直線の意味を考える！**

☑(1) 線分 AB は，点 A と点 B が両端であり，その線分上にある点は，点ア … 答 ←

☑(2) 直線 BC は，点 B と点 C を通り，まっすぐに限りなくのばした線だから，その線上にある点は，点ウ … 答

点エは，直線 AB 上にはあるが，線分 AB 上にはない。

**参考**
線分 AB，CD の長さが等しいとき，AB＝CD と表す。

---

**2 角の表し方** 次の問いに答えなさい。

右の図に示した角を，記号を使って表しなさい。

**注目 頂点を表す文字をまん中に書く！**

☑頂点は D，辺は DA，DC だから，

∠ADC（∠CDA でもよい）… 答

**ミス注意**
∠D とするだけでは，どこの角かわからない。

**参考**
∠ADC と書いて，角の大きさを表すことがある。
（例）∠ADC＝45°

5章

# 31 垂直と平行

## ☑ 1 | 垂直

(1)**垂直** … 2直線 AB, CD が交わってできる
　　角が直角であるとき, **AB と CD は垂直
　　である**といい, **AB⊥CD** と表す。

(2)**垂線**(すいせん) … 垂直な2直線の一方を他方の**垂線**
　　という。

(3)**点と直線との距離**(きょり) … 点から直線にひいた
　　**垂線の長さ**。

> **例**　左の図で, 点Pと直線 $\ell$ との距離を表
> している線分は, P**B**。

## ☑ 2 | 平行

(1)**平行** … 2直線 AB, CD が交わらない
　　とき, **AB と CD は平行である**と
　　いい, **AB // CD** と表す。

(2)**平行な2直線の距離** … $\ell // m$ のとき, $\ell$ 上の点と直線 $m$
　　との距離は一定である。こ
　　の一定の距離を**平行な2直
　　線の距離**という。

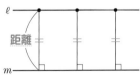

## 1 垂直・平行の表し方

下の図で,次の2直線の関係を記号を使って表しなさい。

(1) 直線 AB と直線 EF

(2) 直線 CD と直線 EF

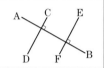

注目
垂直の記号 ⇒ ⊥
平行の記号 ⇒ ∥

☑(1) 直線 AB と直線 EF は垂直だから,

AB⊥EF … 答

☑(2) 直線 CD と直線 EF は平行だから,

CD∥EF … 答

1つの直線に垂直な2直線は平行。

## 2 点と直線との距離

下の図を見て,次の問いに答えなさい。

右の方眼の点 A～D のうち,
直線 ℓ までの距離が最も短いも
のはどれか答えなさい。

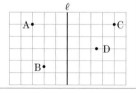

注目
点から直線にひいた**垂線の長さ**が距離!

☑方眼のめもりを利用して,各点から直線 ℓ
にひいた垂線の長さを調べる。

点 A…3めもり,点 B…2めもり,点 C…4めもり,
点 D…2.5めもり

答 点 B

参考
2直線が交わっ
てできる点を,
交点という。

# 32 図形の移動

## ☑ 1 平行移動

(1) **平行移動** … 図形を, 一定の方向に,
一定の距離だけずらす移動。

(2) **平行移動の性質** … 対応する点を結ぶ
線分は**平行**で, その長さは**等しい**。

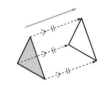

## ☑ 2 回転移動

(1) **回転移動** … 図形を, 1つの点を中心
にして, 一定の角度だけ回転させ
る移動。

(2) **回転移動の性質** … 対応する点は,
**回転の中心からの距離が等しく**,
回転の中心と結んでできた**角の大
きさはすべて等しい**。

回転の中心

## ☑ 3 対称移動

(1) **対称移動** … 図形を, 1つの直線を
折り目として折り返す移動。

(2) **対称移動の性質** … 対応する点を結ぶ
線分は, **対称の軸によって垂直に**
**2等分**される。

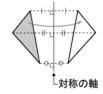

対称の軸

## 1 平行移動した図形をかく　次の問いに答えなさい。

右の△ABC を，点 A を点 A′ に平行
移動させた△A′B′C′ をかきなさい。

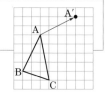

注目 対応する点を結ぶ線分は，
**平行で長さが等しい！**

☑ 点 A′は点 A を，右に 4 めもり，上に
2 めもり移動させた点だから，点 B′，
点 C′も，点 B，点 C から右へ 4 めもり，
上に 2 めもり移動させてとり，3 点 A′，
B′，C′を結ぶ。　　　　　　答 右図

## 2 移動で重なる図形　次の問いに答えなさい。

右の図で，四角形 ABCD は正方形である。
△AOH を O を中心に 180°回転させたときに
重なる三角形を答えなさい。

注目 各点を回転移動させて，**重なる点**をさがす！

☑ 180°回転させると，点 A は
点 C，点 H は点 F と重なり，
点 O は動かないから，
重なるのは，△COF …答

参考

180°の回転移動
を，**点対称移動**
という。

5章

81

# 33 円とおうぎ形

## ☑ 1 | 円とおうぎ形

(1)**弧** … 円周上の 2 点を A，B とするとき，
　 A から B までの円周の部分を
　 **弧 AB** といい，⌒ の記号を
　 使って，$\widehat{AB}$ と書く。

(2)**弦** … 円周上の 2 点を結ぶ線分を弦といい，
　 両端が A，B である弦を **弦 AB** という。

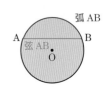

(3)**おうぎ形** … 2 つの半径と**弧**で
　 囲まれた図形。

(4)**中心角** … おうぎ形で，2 つの半径の
　 つくる**角**。

## ☑ 2 | 円と直線

(1)**円の接線** … 直線が円に 1 点で
　 **交わる**とき，この直線は円に
　 **接する**といい，この直線を
　 **円の接線**，円と直線が接する
　 点を**接点**という。

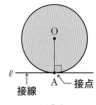

$\ell \perp OA$

(2)**円の接線の性質**
　 … 円の接線は，接点を通る半径に
　 **垂直**。

## ✎ テストの例題チェック

テストでは 円に関する用語や接線の性質
は，作図や計量の基本になる。しっかりお
さえておこう。

**1 円とおうぎ形** 下の円 O について，次の問いに答えなさい。

(1) B から D までの円周の部分を，記号を
使って表しなさい。

(2) 弦 AC をかきなさい。

**5章**

注目 円周の部分が**弧**，円周上の 2 点を結ぶ線分が**弦**！

☑(1) 弧 BD だから，記号を
使って表すと，$\widehat{BD}$ … 答

☑(2) 2 点 A と C を結ぶ線分を
かく。 答 **右図**

**参考**

円の中心を通る
弦は，円の直径
である。

**2 円の接線の性質** 次の問いに答えなさい。

右の図の半直線 PA，PB は円 O の接線で，
点 A，B は接点である。∠AOB＝110°のとき，
∠APB の大きさを求めなさい。

注目 円の接線は，接点を通る半径に**垂直**！

☑ ∠PAO＝$\underline{90}$°，∠PBO＝$\underline{90}$°で， ←
四角形 APBO の 4 つの角の和は$\underline{360}$°だから，
∠APB＝$\underline{360}$°－（90°＋110°＋90°）
＝$\underline{70}$°… 答

PA，PB は
接線だから，
PA⊥OA
PB⊥OB

83

# 34 基本の作図(1)

☑ **1｜垂直二等分線**

(1)**垂直二等分線**…線分の**中点**を通り，その線分に
**垂直**な直線。
└ 線分を 2 等分する点

(2)**垂直二等分線の作図**

①点 A，B を中心として
**等しい半径の円をかき，**
その交点を C，D と
する。

②直線 CD をひく。

(注) この作図は，**中点の作図**でもある。

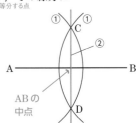

☑ **2｜角の二等分線**

(1)**角の二等分線**… 1 つの角を **2 等分**する半直線。

(2)**角の二等分線の作図**

①角の頂点 O を中心とする
適当な半径の円をかき，角の
2 辺との交点を C，D とする。

②C，D を中心として**等しい**
**半径の円**をかき，その
交点を E とする。

③半直線 OE をひく。

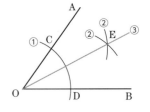

---

## 1 2点から等しい距離にある点　次の問いに答えなさい。

右の図の直線 $\ell$ 上にあって，2点 A，B から等しい距離（きょり）にある点 P を作図によって求めなさい。

B•

A•

$\ell$ ——————

**注目** **2点から等距離にある点は，2点を結んだ線分の垂直二等分線上にある！**

☑ 求める点 P は，線分 AB の垂直二等分線と $\ell$ との交点。

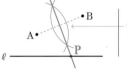

作図に使った線は残しておく。

**答** 右図

---

## 2 2辺から等しい距離にある点　次の問いに答えなさい。

右の△ABC の辺 AC 上にあって，辺 AB，BC から等しい距離にある点 P を作図によって求めなさい。

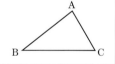

**注目** **2辺から等距離の点は，角の二等分線上にある！**

☑ 求める点 P は，∠ABC の二等分線と辺 AC との交点。

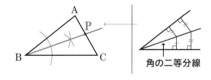

角の二等分線

**答** 右図

# 35 基本の作図(2)

## 1 垂線

(1)**垂線の作図** … 直線ℓ上にない点Pを通り，ℓに垂直な
直線の作図には，次のように2通りある。

**作図①**

①点Pを中心として，ℓと交わる適当な
円をかき，ℓとの交点をA，Bとする。

②点A，Bを中心として**等しい半径の円**
をかき，交点をCとする。

③直線PCをひく。

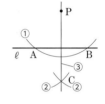

**作図②**

①ℓ上に適当な2点A，Bをとる。
点Aを中心に，**半径APの円**，
点Bを中心に，**半径BPの円**を
かき，一方の交点をCとする。

②直線PCをひく。

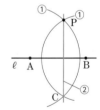

## 2 作図の利用

(1)**三角形の高さの作図** … 底辺上にない
頂点を通る，**底辺への垂線**を作図。

(2)**45°の角の作図** … 垂線を作図し，
**90°の二等分線**を作図。

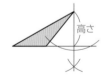

## ✎ テストの例題チェック

**テストでは** 下の例題のほか, 垂直二等分線を利用して, 円の中心を求める問題もねらわれやすい。

### 1 円の接線の作図　次の問いに答えなさい。

右の円 O で, 周上の点 A を通る接線を作図しなさい。

**注目** 接点を通り, **接点を通る半径に垂直な直線**をかく!

☑ 点 A を通る, 直線 OA の垂線を作図する。

➡ 180°の角の二等分線を作図すればよい。

**答** 右図

### 2 30°の角の作図　次の問いに答えなさい。

正三角形の角を利用して, 30°の角を作図しなさい。

**注目** 30°は正三角形の1つの角**60°の半分**!

☑ 1 正三角形を作図し, 60°の角をつくる。

 ➡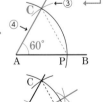

2 60°の角の二等分線を作図する。

**答** 右図

**くわしく**

①半直線 AB をひく。

②点 A を中心に円をかく。

③点Pを中心に AP と等しい半径の円をかく。

④半直線 AC をひく。

# 36 円とおうぎ形の計量

## 1 | 円の周の長さと面積

### (1) 円の周の長さと面積

**周の長さ** $\ell = 2\pi r$

$$\left[ \begin{array}{l} r : 半径 \\ \ell : 円周の長さ \\ S : 面積 \end{array} \right]$$

円周率（3.1415…と続く値）は，文字 $\pi$（パイ）で表す。

**面積** $S = \pi r^2$

例 半径 5 cm の円の周の長さと面積は，

周の長さ…$2\pi r = 2\pi \times 5 = 10\pi$ （cm）

円の面積…$\pi r^2 = \pi \times 5^2 = 25\pi$ （cm²）

## 2 | おうぎ形の弧の長さと面積

### (1) おうぎ形の弧の長さと面積 … 1つの円で，弧の長さや

**面積は，中心角に比例する**ことを利用する。

〔 $r$：半径，$a°$：中心角，$\ell$：弧の長さ，$S$：面積 〕

**弧の長さ** $\ell = 2\pi r \times \dfrac{a}{360}$

**面 積** $S = \pi r^2 \times \dfrac{a}{360}$

例 半径が 6 cm，中心角が90°のおうぎ形の面積は，

$$S = \pi r^2 \times \frac{a}{360} = \pi \times 6^2 \times \frac{90}{360} = \pi \times 36 \times \frac{1}{4} = 9\pi \ (\text{cm}^2)$$

↑ 約分

## ✏️ テストの例題チェック

**1 円の周の長さと面積** 次の問いに答えなさい。

> 直径 8 cm の円の周の長さと面積を求めなさい。

**注目** 周の長さ $\ell = 2\pi r$, 面積 $S = \pi r^2$ 〔$r$：半径〕

☑ 半径は、$8 \div 2 = 4 \text{(cm)}$ だから、

周の長さ… $2\pi \times \underline{4} = 8\pi$ (cm) … **答**

面積… $\pi \times \underline{4}^2 = 16\pi$ (cm²) … **答**

◆ **ミス注意**
直径の値をそのまま代入するな！

**2 おうぎ形の中心角と面積** 次の問いに答えなさい。

> 半径 10 cm, 弧の長さ $4\pi$ cm のおうぎ形の中心角の大きさと面積を求めなさい。

**注目** 1 つの円で、弧の長さや面積は、**中心角に比例**する！

☑ 弧の長さは、同じ半径の円周の、

$\dfrac{4\pi}{2\pi \times 10} = \dfrac{1}{5}$ だから、中心角も $360°$ の $\dfrac{1}{5}$ に

なる。$\underline{360}° \times \dfrac{1}{5} = \underline{72}°$ … **答**

おうぎ形の面積も、円の面積の $\dfrac{1}{5}$ で、

$\pi \times \underline{10}^2 \times \dfrac{1}{5} = 20\pi$ (cm²) … **答**

中心角を $x°$ として、公式から、方程式

$4\pi = 2\pi \times 10 \times \dfrac{x}{360}$

や、比例式

$x : 360$
$= 4\pi : (2\pi \times 10)$

をつくって求めてもよい。

5章

# テスト直前 最終チェック！ ▶▶

## ✓ 角，垂直，平行の表し方

**❶ 角の表し方**

$\angle$ AOB

頂点
辺

**❷ 垂直の表し方**

$\ell$ と $m$
は垂直
↓
$\ell \perp m$

**❸ 平行の表し方**

$\ell \ // \ m$

$\ell$ ———→

$m$ ———→

## ✓ 図形の移動

**❶ 平行移動**

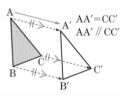

AA′＝CC′
AA′ // CC′

**❷ 回転移動**

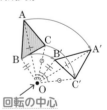

回転の中心

**❸ 対称移動**

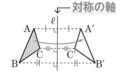

対称の軸

## ✓ 基本の作図

**❶ 垂直二等分線（中点）**

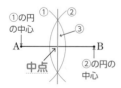

①の円
の中心

A

B

中点

②の円の
中心

90

# ▶▶ 5章　平面図形

## ☑ 円とおうぎ形

### ① 弧・弦・中心角

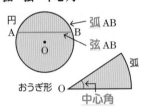

弧 AB
弦 AB
円
A
B
O
おうぎ形 O
弧
中心角

### ② 円の接線は，接点を通る半径に垂直。

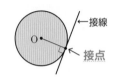

←接線
O
←接点

---

### ③ 円の周の長さと面積の公式 〔r：半径〕

**周の長さ** $\ell = 2\pi r$, **面積** $S = \pi r^2$ （$\pi$：円周率）

---

### ④ おうぎ形の弧の長さと面積 〔r：半径，a°：中心角〕

**弧の長さ** $\ell = 2\pi r \times \dfrac{a}{360}$

**面　積** $S = \pi r^2 \times \dfrac{a}{360}$

$r$
$\ell$
$a°$
$S$
O

---

### ② 角の二等分線

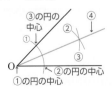

③の円の中心
④
②
①
③
③
O
②の円の中心
①の円の中心

### ③ 点 P から直線 $\ell$ への垂線

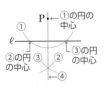

P
①の円の中心
①
$\ell$
②の円の中心
③
③
②
③の円の中心
④

# ㊲ いろいろな立体

## ☑ 1│角柱と円柱

### (1) 角柱(かくちゅう)と円柱(えんちゅう)

… 右の①のような立体を

**角柱**，②のような立体

を**円柱**という。

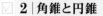

\* 底面が三角形，四角形，…の
角柱を，**三角柱，四角柱**，…という。

\* 底面が正三角形，正方形，…の角柱を，
**正三角柱，正四角柱**，…という。

## ☑ 2│角錐と円錐

### (1) 角錐(かくすい)と円錐(えんすい)

… 右の①のような立体を

**角錐**，②のような立体を

**円錐**という。

\* 底面が三角形，四角形，…の
角錐を，**三角錐，四角錐**，…という。

\* 底面が正三角形，正方形，…で，側面がすべて合同な二等辺
三角形である角錐を，**正三角錐，正四角錐**，…という。

例

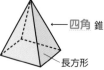

← 四角 錐

長方形

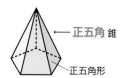

← 正五角 錐

正五角形

## ✓ 3 | 多面体

(1) **多面体**… 平面だけで囲まれた立体。

  \* 面の数によって，**四面体，五面体，** …などという。

(2) **正多面体**… 次の2つの性質をもち，へこみのない多面体。

  **正多面体は下の5種類だけである。**

  ① どの面もみな**合同な正多角形。**

  ② どの頂点にも面が**同じ数だけ集まっている。**

正四面体　正六面体　正八面体　正十二面体　正二十面体
　　　↑—立方体

---

### ✎ テストの例題チェック

**テストでは** 各立体の頂点，面，辺の数を問う問題のほか，底面や側面の形を問う問題もねらわれやすい。

---

**1 角柱・角錐**　　次の問いに答えなさい。

右の表の，空欄に
あてはまる数を答え
なさい。

|  | 頂点の数 | 辺の数 | 面の数 |
|---|---|---|---|
| 四角柱 | 8 |  |  |
| 五角錐 |  |  |  |

**注目** **見取図**をかいて考えるとよい!

四角柱　　五角錐

答

|  | 頂点の数 | 辺の数 | 面の数 |
|---|---|---|---|
| 四角柱 | 8 | 12 | 6 |
| 五角錐 | 6 | 10 | 6 |

# 38 直線や平面の位置関係

☑ **1│2直線の位置関係**

(1) **ねじれの位置** … 平行でなく，交わらない2直線は，**ねじれの位置にある**という。

(2) **2直線の位置関係** … 次の3つの場合がある。

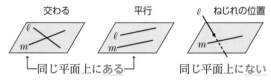

交わる　　　　　平行　　　　　$\ell$　ねじれの位置

└─同じ平面上に**ある**─┘　　同じ平面上に**ない**

\*次の点や直線をふくむ平面は，ただ1つに決まる…①同じ直線上にない3点，②交わる2直線，③平行な2直線，④1直線とその直線上にない1点

☑ **2│平面と直線の位置関係**

(1) **平面と直線の位置関係** … 次の3つの場合がある。

$\ell$　交わる　　　　平行　　　　平面上にある

(2) **直線と平面の垂直** … 直線 $\ell$ が，平面 $P$ との交点 O を通るすべての直線に垂直であるとき，**直線 $\ell$ と平面 $P$ は垂直である**といい，直線 $\ell$ を**平面 $P$ の垂線**という。

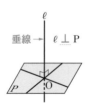

垂線 →　$\ell \perp P$

## ✎ テストの例題チェック

> テストでは 立体での2辺の位置関係，
> 1つの辺と面との位置関係を問う問題がよ
> く出る。

---

### 1 直線や平面の位置関係　次の問いに答えなさい。

右の図の三角柱について，次のような
位置関係にある辺や面をすべて答えなさ
い。

(1) 辺 AB とねじれの位置にある辺

(2) 辺 BE と平行な面

(3) 辺 BE と垂直な面

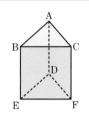

---

**注目** ねじれの位置
→ **平行でなく，交わらない2直線の位置関係**

☑(1) 辺 AB と平行でなく，交わらない辺
　　がねじれの位置にある辺だから，
　　辺 EF，辺 FD，辺 CF … 答

☐　辺 AB と平行な
　辺は，辺 DE

☑(2) 辺 BE と交わらず，辺 BE が平面上に
　　ない面だから，面 ADFC … 答

☐　辺 BE と交わっ
　ている面は，
　上下の底面

☑(3) 辺 BE と垂直に交わる辺をふくむ面を
　　みつける。面 BEFC と面 BEDA は長方形
　　だから，BE⊥BC，BE⊥BA より，
　　BE⊥面 ABC
　　また，BE⊥EF，BE⊥ED より，
　　BE⊥面 DEF

☐　BC，BA は，
　面 ABC 上の
　2辺

☐　EF，ED は，
　面 DEF 上の
　2辺

　　　　　　答 面 ABC，面 DEF

6章

95

# 39 2平面の位置関係，投影図

## ☑ 1 │ 2平面の位置関係

(1) **2平面の位置関係** … 次の2つの場合がある。

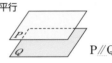

(2) **2平面の垂直** … 2つの平面P，Qが
交わっていて，平面Qが平面Pに
垂直な直線をふくんでいるとき，
**2つの平面P，Qは垂直である**という。P⊥Q

## ☑ 2 │ 投影図

(1) **投影図** … 立体を
正面から見た図を**立面図**，
真上から見た図を**平面図**
といい，これらを組み合わ
せて表した図を**投影図**という。

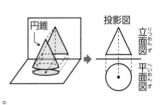

# ✐ テストの例題チェック

## 1 2平面の位置関係　次の問いに答えなさい。

右の図の直方体について，次の
面や面の数を答えなさい。
(1) 面 ABCD に平行な面
(2) 面 ABCD に垂直な面の数

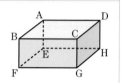

注目 (2)は面 ABCD に **垂直な直線をふくむ面** を考える!

☑ (1) 面 ABCD に平行な面は，面 ABCD と
　　交わらない面 **EFGH** … 答

☑ (2) 面 ABCD に垂直な辺は，辺 AE，BF，
　　CG，DH だから，これらをふくむ <u>4</u> つの面
　　はすべて垂直。　　　　　　　　　 答　4 つ

次の面が垂直
面 AEFB
面 BFGC
面 CGHD
面 DHEA

## 2 投影図　次の問いに答えなさい。

右の投影図は何という立体か答えなさい。

注目 **立面図** ➡ **正面** から見た形
　　 **平面図** ➡ **真上** から見た形

☑ 立面図は三角形だから，円錐か角錐。

　平面図は四角形だから，
　この立体の底面は四角形。

　したがって，四角錐 … 答

底面が正方形の
場合，正四角錐
としてもよい。

# 40 面の動きと立体

## ☑ 1│面の動きと角柱・円柱

**(1)面の動きと角柱・円柱**

… 多角形や円をそれと
垂直な方向に一定の
距離（きょり）だけ動かすと，
**角柱や円柱**ができる。

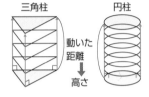

三角柱　　円柱

動いた距離 → 高さ

例 　四角形を，それと垂直な方向に一定の距離だけ
動かしてできる立体は，**四角柱**。

## ☑ 2│回転体

**(1)回転体**（かいてんたい）… 1つの直線を軸（じく）として，
平面図形を 1 回転させてできる
立体。

**(2)母線**（ぼせん）…側面をつくる線分。

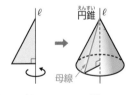

円錐（えんすい）

母線

例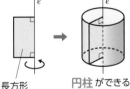

長方形 → **円柱**ができる

例

半円 → **球**ができる

## ✎ テストの例題チェック

> **テストでは** 回転体の見取図をかく問題は頻出。また、その表面積や体積を求める問題も合わせて出題される。

### 1 面の動きと立体    次の◯◯にあてはまることばを答えなさい。

(1) 五角柱は, ◯◯◯◯を, それと垂直な方向に一定の距離だけ動かしてできる立体とみることができる。

(2) 三角柱, 四角錐, 円柱, 直方体のうち, 回転体は◯◯◯◯である。

**6章**

**注目** 立体の **底面** に着目!

- ☑ (1) 五角柱の底面は**五角形**だから, それを動かした立体である。   **答 五角形**

- ☑ (2) 回転体の側面は曲面になっている。側面が曲面になっているのは**円柱**だけである。   **答 円柱**

**参考**

回転体を, 回転の軸に垂直な平面で切ると, 切り口は**円**になる。

### 2 回転体の見取図    次の問いに答えなさい。

右の図形を, 直線 ℓ を軸として 1 回転させてできる立体の見取図をかきなさい。

**注目** **回転体** の基本形は, **円錐 , 円柱 , 球** !

- ☑ 右の図のように, **円錐**を 2 つ合わせたような立体になる。   **答 右図**

**参考**

回転体を, 軸をふくむ平面で切ると, 切り口は**線対称な図形**になる。

99

# 41 角柱・円柱の展開図

## ☑ 1│角柱

(1) **角柱の展開図** … 2つの底面は**合同**な多角形で，側面は横に
つなぐと**長方形**。

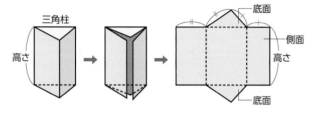

## ☑ 2│円柱

(1) **円柱の展開図** … 2つの底面は合同な**円**で，側面は**長方形**。
側面の長方形の横の長さは，底面の**円周**に等しい。

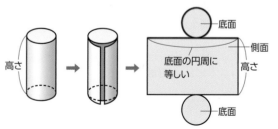

## ✏️ テストの例題チェック

テストでは 角柱の展開図から，辺や面の位置関係を問う問題や，円柱の展開図をかく問題がねらわれやすい。

### 1 角柱の展開図　次の問いに答えなさい。

右の展開図をもとにして直方体をつくるとき，辺 AB と平行になる面を答えなさい。

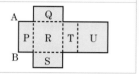

注目 **見取図**をかいて考えるとよい！

☑ 見取図は右のようになる。

図から，辺 AB と平行な面は，

**面 R と面 T** … 答

辺 AB と交わらず，辺 AB が平面上にない面。

### 2 円柱の展開図　次の問いに答えなさい。

右の円柱の展開図をかくとき，側面の長方形の縦の長さと横の長さはそれぞれ何 cm にすればよいか求めなさい。

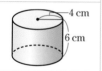

注目 側面の長方形の横の長さ＝**底面の円周**

☑ 側面の長方形の縦の長さは，円柱の**高さ**に等しいので，**6 cm** … 答

横の長さは，底面の円周に等しいので，$2\pi \times 4 = 8\pi$（cm）… 答

半径を $r$ とすると，円周 $\ell = 2\pi r$

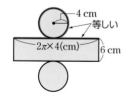

# 42 角錐・円錐の展開図

☑ **1｜角錐**

**(1) 角錐の展開図** … 正三角錐，正四角錐，…では，側面は
すべて合同な**二等辺三角形**。

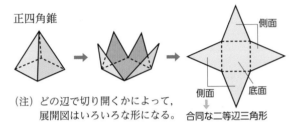

正四角錐

（注）どの辺で切り開くかによって，
展開図はいろいろな形になる。

合同な二等辺三角形

☑ **2｜円錐**

**(1) 円錐の展開図** … 底面は円で，側面は**おうぎ形**。

側面のおうぎ形の弧の長さは，底面の**円周**に等しく，
おうぎ形の半径は，円錐の**母線**に等しい。

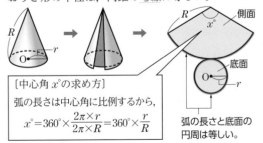

［中心角 $x°$ の求め方］
弧の長さは中心角に比例するから，
$$x° = 360° \times \frac{2\pi \times r}{2\pi \times R} = 360° \times \frac{r}{R}$$

弧の長さと底面の
円周は等しい。

テストでは 円錐の展開図に関する問題が頻出。おうぎ形の中心角，弧の長さの求め方は，よく理解しておこう。

---

**1 角錐の展開図** 次の問いに答えなさい。

右の図は，正四角錐の展開図である。これを組み立てたとき，点Hと重なる点をすべて答えなさい。

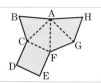

**注目** 重なる辺に着目して，**組み立てたようす** を考える!

☑ 組み立てたようすを考えると，右の図のようになる。

**答** 点B，点D

📎 **参考**

三角錐の展開図

側面　側面

底面

---

**2 円錐の展開図** 次の問いに答えなさい。

右の円錐の展開図をかくとき，側面のおうぎ形の中心角は何度にすればよいか求めなさい。

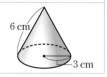

6 cm

3 cm

**注目** **おうぎ形の弧の長さ＝底面の円周** を利用!

☑ 弧の長さは，$2\pi \times 3$ (cm) で，
　└ 底面の円周に等しい

中心角に比例するから，中心角は，

$$360° \times \frac{2\pi \times 3}{2\pi \times 6} = 180°$$
　　　　└ 半径 6 cm の円の円周

**答** $180°$

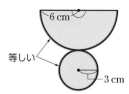

6 cm

等しい

3 cm

# 43 立体の体積

## ☑ 1│角柱・円柱

### (1)角柱・円柱の体積

$\cdots V = Sh$ ←底面積×高さ $\begin{pmatrix} S：底面積, & h：高さ \\ V：体積 \end{pmatrix}$

●円柱の体積$\cdots V = \pi r^2 h$ $\begin{pmatrix} r：底面の半径, & h：高さ \\ V：体積 \end{pmatrix}$

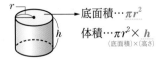

底面積$\cdots \pi r^2$

体積$\cdots \pi r^2 \times \underset{\text{(底面積)×(高さ)}}{h}$

## ☑ 2│角錐・円錐

### (1)角錐・円錐の体積

$\cdots V = \dfrac{1}{3} Sh$ $\begin{pmatrix} S：底面積, & h：高さ \\ V：体積 \end{pmatrix}$

> 角錐，円錐の体積は，底面積が等しく，高さも等しい角柱，円柱の体積の $\dfrac{1}{3}$

●円錐の体積$\cdots V = \dfrac{1}{3} \pi r^2 h$ $\begin{pmatrix} r：底面の半径, & h：高さ \\ V：体積 \end{pmatrix}$

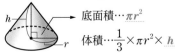

底面積$\cdots \pi r^2$

体積$\cdots \dfrac{1}{3} \times \pi r^2 \times \underline{h}$

## ☑ 3│球

### (1)球の体積 $\cdots V = \dfrac{4}{3} \pi r^3$ $\begin{pmatrix} r：半径 \\ V：体積 \end{pmatrix}$

## ✏️ テストの例題チェック

> **テストでは** 立体の体積を求める問題は必出。角錐や円錐の体積では，$\frac{1}{3}$ をかけ忘れないように注意しよう。

---

### 1 立体の体積　次の立体の体積を求めなさい。

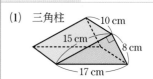

(1) 三角柱　10 cm, 15 cm, 8 cm, 17 cm

(2) 円錐　7 cm, 6 cm

**注目** 角柱 の体積 $V=Sh$ ，円錐の体積 $V=\dfrac{1}{3}Sh$
（$S$：底面積，$h$：高さ）

☑ **(1)** 底面積は，$\dfrac{1}{2}\times \underline{8} \times \underline{15}=60$ （cm²）

体積は，$60\times \underline{10}=600$ （cm³）… **答**

☑ **(2)** 底面積は，$\pi\times \underline{3}^{2}=9\pi$ （cm²）

体積は，$\dfrac{1}{3}\times 9\pi\times \underline{7}=21\pi$ （cm³）… **答**

> **ミス注意**
> $\pi\times 6^{2}$ とまちがえやすい！

---

### 2 回転体の体積　次の問いに答えなさい。

右の長方形を，直線 $\ell$ を軸として 1 回転させてできる立体の体積を求めなさい。

$\ell$, 4 cm, 5 cm

**注目** 長方形を 1 回転させてできる立体は，**円柱**！

☑ 底面の半径が 5 cm，高さが 4 cm の円柱ができる。

底面積は，$\pi\times \underline{5}^{2}=25\pi$ （cm²）

体積は，$25\pi\times \underline{4}=100\pi$ （cm³）… **答**

---

6章

# 44 立体の表面積

## ☑ 1 | 角柱・円柱

### (1) 角柱・円柱の表面積

… 表面積＝側面積＋底面積×2

● 角柱・円柱の側面積＝高さ×底面の周の長さ

● 円柱の表面積

… $S = 2\pi rh + 2\pi r^2$ $\begin{bmatrix} r: 底面の半径, \ h: 高さ \\ S: 表面積 \end{bmatrix}$

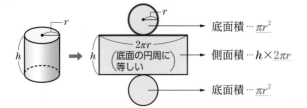

底面積 … $\pi r^2$

側面積 … $h \times 2\pi r$

底面積 … $\pi r^2$

## ☑ 2 | 角錐・円錐

### (1) 角錐・円錐の表面積 … 表面積＝側面積＋底面積

## ☑ 3 | 球

### (1) 球の表面積 … $S = 4\pi r^2$ 〔 $r$：半径, $S$：表面積 〕

## ✍ テストの例題チェック

テストでは 立体の表面積を求める問題は必出。特に，円柱，円錐がねらわれやすい。

### 1 立体の表面積  次の立体の表面積を求めなさい。

(1) 三角柱

(2) 円錐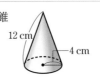

**注目** 
**角柱**の表面積＝側面積＋底面積×2
**円錐**の表面積＝側面積＋底面積

☑(1) 側面積は，

$5 \times (3+4+5) = 60 \ (\text{cm}^2)$ ← 高さ×底面の周の長さ

底面積は，$\dfrac{1}{2} \times 3 \times 4 = 6 \ (\text{cm}^2)$

表面積は，$60 + 6 \times 2 = 72 \ (\text{cm}^2)$ … 答

> **ミス注意**
> ×2を忘れないように！

☑(2) 展開図は，右のようになる。

側面のおうぎ形の中心角は，

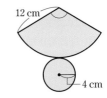

$$360° \times \frac{\overset{\text{底面の円周}}{2\pi \times 4}}{\underset{\text{半径12cmの円の円周}}{2\pi \times 12}} = 120°$$

したがって，

側面積は，$\pi \times 12^2 \times \dfrac{120}{360} = 48\pi \ (\text{cm}^2)$ ←

底面積は，$\pi \times 4^2 = 16\pi \ (\text{cm}^2)$

表面積は，$48\pi + 16\pi = 64\pi \ (\text{cm}^2)$ … 答

> おうぎ形の面積
> $$S = \pi r^2 \times \frac{a}{360}$$
> $\begin{cases} a° : \text{中心角} \\ r : \text{半径} \\ S : \text{面積} \end{cases}$

6章

# テスト直前 最終チェック！ ▶▶

## ☑ 直線や平面の位置関係

**① 2直線の位置関係**

| 交わる | 平行 | ねじれの位置 |
|---|---|---|

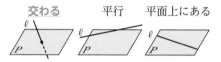

- - - - - - - - - - - - - - - - - - - - - - - - - - - - -

**② 直線と平面の位置関係**

| 交わる | 平行 | 平面上にある |
|---|---|---|

- - - - - - - - - - - - - - - - - - - - - - - - - - - - -

**③ 2平面の位置関係**

| 交わる | 平行 |
|---|---|

P∥Q

## ☑ 投影図

立体を正面から見た**立面図**と真上から見た**平面図**を組み合わせた図。

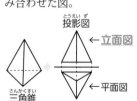

とうえいず
投影図
←立面図
←平面図

さんかくすい
三角錐

## ☑ 回転体

1つの直線を軸として，平面図形を1回転させてできる立体。

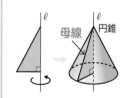

ℓ 母線 円錐

# 6章　空間図形

## ☑ 立体の表面積

### ❶ 角柱・円柱の表面積

**表面積＝側面積＋底面積×2**

● 円柱の表面積
$$S=\underset{\text{側面積}}{2\pi rh}+\underset{\text{底面積×2}}{2\pi r^2}$$

$$\left[\begin{array}{l} r:底面の半径,\ h:高さ \\ S:表面積 \end{array}\right]$$

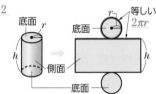

### ❷ 角錐・円錐の表面積

**表面積＝側面積＋底面積**

● 円錐の表面積
底面の周の長さと側面のお
うぎ形の弧の長さが等しい
ことを利用。

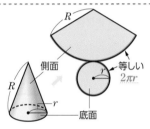

## ☑ 立体の体積

### ❶ 角柱・円柱の体積

**体積 $V=Sh$**

[$S$:底面積, $h$:高さ]

### ❷ 角錐・円錐の体積

**体積 $V=\dfrac{1}{3}Sh$**

## ☑ 球の表面積・体積

### ❶ 球の表面積

**表面積 $S=4\pi r^2$**

[$r$:半径]

### ❷ 球の体積

**体積 $V=\dfrac{4}{3}\pi r^3$**

# ④ データの分析

## ☑ 1 度数分布表とヒストグラム

(1) **度数分布表**

＊**階級** … データを整理するための区間。

＊**度数** … データの個数。

(2) **累積度数** … 最初の階級からその階級までの**度数**の合計。

(3) **度数折れ線（度数分布多角形）**
… **ヒストグラム**の各長方形の上

<small>└柱状グラフ</small>

の辺の中点を結んだ折れ線。

(4) **相対度数**

… 相対度数＝$\dfrac{\text{その階級の度数}}{\text{度数の合計}}$

(5) **累積相対度数** … 最初の階級からその階級までの

**相対度数**の合計。

**A組の生徒の体重**

| 階級(kg) | 度数(人) | 累積度数(人) |
|---|---|---|
| 以上　未満 | | |
| 35～40 | 2 | 2 |
| 40～45 | 5 | 7 |
| 45～50 | 8 | 15 |
| 50～55 | 6 | 21 |
| 55～60 | 4 | 25 |
| 計 | 25 | |

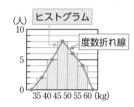

## ☑ 2 代表値と範囲

(1) **代表値** … 平均値・中央値・最頻値といった，データの
全体の特徴を示す値。

＊平均値＝$\dfrac{\text{（階級値×度数）の合計}}{\text{度数の合計}}$　<small>←度数分布表から求める場合</small>

(2) **範囲の求め方** … 範囲＝最大値−最小値

## ✎ テストの例題チェック

### 1 相対度数・最頻値　下の度数分布表について答えなさい。

(1) 15 分以上 20 分未満の階級の相対度数を求めなさい。

(2) 最頻値を求めなさい。

**通学時間**

| 階級(分) | 度数(人) |
|---|---|
| 以上　未満 | |
| 0 ～ 5 | 2 |
| 5 ～10 | 5 |
| 10～15 | 10 |
| 15～20 | 7 |
| 20～25 | 4 |
| 計 | 28 |

注目 (2)は，度数の最も多い階級の**階級値**!

☑(1) 度数は 7 だから，相対度数は，

　　$7 \div 28 = 0.25 \cdots$ 答 ←

☑(2) 10 分以上15 分未満の階級の度数が最も多いから，最頻値はこの階級の階級値で，

　　$\dfrac{10+15}{2} = 12.5$(分)$\cdots$ 答

相対度数＝
$\dfrac{\text{その階級の度数}}{\text{度数の合計}}$

階級の中央の値。

---

### 2 範囲　次の問いに答えなさい。

　下のデータは10 人の体重の記録である。このデータの範囲を求めなさい。

　　39　43　45　46　47　48　49　50　54　57　（単位は kg）

注目 **最大値**と**最小値**を見つける!

☑ 最大値は 57 kg，最小値は 39 kg だから，

　範囲は，$57-39 = 18$(kg)$\cdots$ 答
　　　　　↑範囲＝最大値−最小値

中央値
　$(47+48) \div 2$
　$= 47.5$ (kg)

# 46 確率の意味

☑ **1 | 確率の意味**

(1)**確率**…あることがらの起こりやすさの程度を表す数を，その
ことがらが起こる**確率**という。

(2)**相対度数と確率**…あることがらの起こる確率が $p$ であるとは，
実験をくり返すとき，そのことがらの起こる**相対度数
（割合）が $p$ に近づく**ということ。

例 「右の表は，あ
るびんの王冠を投
げた実験の結果を

| 投げた回数 | 50 | 100 | 500 | 1000 |
|---|---|---|---|---|
| 表が出た回数 | 16 | 38 | 187 | 372 |

表したものである。表が出る相対度数は，
どんな値に近づくと考えられるか。小数
第2位まで求めなさい。」

裏　表

50回のときの表の出る相対度数は，$\dfrac{16}{50}=0.32$

同様にして，各回数のときの相対度数を求めると，

100回…0.38

500回…0.374

1000回…0.372

これより，実験回数が増えると，

表の出る相対度数は，0.37に近づくと考えられる。…**答**
└→ 表の出る確率といえる

**1 確率の意味** 次の問いに答えなさい。

右の表は，あるボタンを投げたときの
裏が出た結果である。

| 投げた<br>回数(回) | 裏が出た<br>回数(回) |
|---|---|
| 50 | 30 |
| 100 | 55 |
| 300 | 169 |
| 600 | 343 |
| 1000 | 572 |

(1) 裏が出る相対度数は，どんな値に近
づくと考えられるか。小数第2位まで
求めなさい。

(2) 裏と表では，どちらが出るほうが起
こりやすいといえるか。

(3) 2000回投げるとき，裏は何回出ると予想できるか。

注目 投げた回数が多くなるにつれて，裏が出る相対度数は
**ある値に近づいていく！**

☑(1) 相対度数を求めると，

50回…0.6，100回…0.55，

300回…0.563…，600回…0.571…

1000回…0.572

これより，裏が出る相対度数は，

0.57に近づいている。… 答

相対度数＝
$\dfrac{裏が出た回数}{投げた回数}$

裏が出る確率

☑(2) 裏が出る確率は0.57だから，表が出る確率は，

0.43と考えられる。したがって，起こりやす

いのは裏…答

1－0.57

☑(3) 2000×0.57＝1140(回)… 答

2000回のうち，
0.57の割合で
裏が出る。

## ☑ 度数分布表とヒストグラム

### ❶ 度数分布表

階級ごとにその度数を示した
表。

階級 ➡ データを整理する
ための区間。

度数 ➡ 各階級に入ってい
るデータの個数。

累積度数

➡ 最初の階級からその階級
までの度数の合計。

A組の生徒の体重

| 階級(kg) | 度数(人) | 累積度数(人) |
|---|---|---|
| 以上　未満 | | |
| 36〜40 | 3 | 3 |
| 40〜44 | 4 | 7 |
| 44〜48 | 7 | 14 |
| 48〜52 | 9 | 23 |
| 52〜56 | 6 | 29 |
| 56〜60 | 5 | 34 |
| 60〜64 | 2 | 36 |
| 計 | 36 | |

### ❷ 度数折れ線（度数分布多角形）

ヒストグラムの各
長方形の上の辺の
中点を結んだ折れ
線。

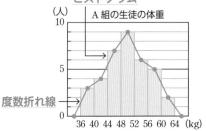

### ❸ 相対度数

$$相対度数＝\frac{その階級の度数}{度数の合計}$$

### ❹ 累積相対度数

最初の階級からその階級
までの相対度数の合計。

# ▶▶ 7章　データの活用

## ☑ 代表値と範囲

### ① 階級値
階級の**中央の値**。

　左の度数分布表で
36 kg 以上40 kg 未満
の階級の階級値は，
$$(36+40)÷2$$
$$=38(kg)$$

- - - - - - - - - - - - - - - - - - -

### ② 平均値

$$\frac{(階級値×度数)の合計}{度数の合計}$$

└度数分布表から求める場合

- - - - - - - - - - - - - - - - - - -

### ③ 中央値（メジアン）
データの値を大きさの順
に並べたときの中央の値。

### ④ 最頻値（モード）
データの値の中で最も多
く出てくる値。

　左の度数分布表では，
度数が 9 の階級の
階級値で，
$$(48+52)÷2$$
$$=50(kg)$$

- - - - - - - - - - - - - - - - - - -

### ⑤ 範囲の求め方
データの最大の値と最小
の値の差を，分布の範囲
という。

**範囲＝最大値－最小値**

## ☑ 確率

① あることがらの起こりやすさの程度を表す数を，そのことが
らが起こる確率という。

## 読者アンケートのお願い

本書に関するアンケートにご協力ください。
右のコードか URL からアクセスし、
以下のアンケート番号を入力してご回答ください。
当事業部に届いたものの中から抽選で年間 200 名様に、
「図書カードネットギフト」500 円分をプレゼントいたします。

**Webページ** https://ieben.gakken.jp/qr/derunavi/

アンケート番号 | 305531

### 定期テスト 出るナビ　中1数学　改訂版

| 本文デザイン | シン デザイン |
| 編集協力 | 株式会社 アポロ企画 |
| 図　版 | 塚越勉, 株式会社 明昌堂 |
| DTP | 株式会社 明昌堂 |